AF545826

Carmen Diehl | Cornelia Marinowitz

Putz und Stuck erhalten

Carmen Diehl | Cornelia Marinowitz

Putz und Stuck erhalten

Bibliografische Information der Deutschen Nationalbibliothek:
Die Deutsche Nationalbibliothek verzeichnet diese Publikation in der Deutschen Nationalbibliografie; detaillierte bibliografische Daten sind im Internet über www.dnb.de abrufbar.

ISBN (Print): 978-3-7388-0750-9
ISBN (E-Book): 978-3-7388-0751-6

Satz & Herstellung: Angelika Schmid
Layout: Gabriele Wicker
Umschlaggestaltung: Martin Kjer
Druck: BELTZ Grafische Betriebe GmbH, Bad Langensalza

Fraunhofer IRB Verlag, 2023
Fraunhofer-Informationszentrum Raum und Bau IRB
Nobelstraße 12, 70569 Stuttgart
Telefon +49 711 970-2500
Telefax +49 711 970-2508
irb@irb.fraunhofer.de
www.baufachinformation.de

Inhaltsverzeichnis

Vorwort

Vor zwölf Jahren gründeten die freiberuflichen Diplomrestauratorinnen Cornelia Marinowitz und Anna-Sara Buchheim und die Kunsthistorikerin Annina De Carli-Lanfranconi das Netzwerk Bau & Forschung. In der Zwischenzeit ist es auf zwölf Netzwerker:innen aus den Berufsfeldern Restaurierung, Fotografie, Kunstgeschichte, Mineralogie und Bauingenieurwesen angewachsen. Die Idee des Zusammenschlusses ist es, ein interdisziplinäres Netz zu spinnen aus Fachleuten, die sich grenzübergreifend in Deutschland und der Schweiz mit der Erhaltung und Erforschung von Kultur- und Kunstgut, darunter auch Altbauten befassen. Erst durch die Zusammenarbeit verschiedener Berufsdisziplinen wird es möglich, Synergien zu nutzen, Problemstellungen von unterschiedlichen Seiten zu betrachten und konstruktive, dem Bestand angepasste Lösungen zu finden. So steht das Netzwerk Architekt:innen, Bauherr:innen und der Denkmalpflege beratend zur Seite und fördert so aktiv den Wissenstransfer, die Erforschung und Erhaltung von Kulturgut.

Es hat sich in den letzten Jahren gezeigt, dass vor allem Putz und Stuck immer noch ein Schattendasein führen, leider auch im Denkmalpflege-Alltag: Putz wird oft als Verschleißschicht ohne genauere Betrachtung gundlos für moderne Verputze und ein »schönes« Aussehen geopfert, Stuckausstattungen wegen vermeintlicher Schäden zu Tode repariert. Aus den Reihen der Nichtrestaurator:innen im Netzwerk haben wir lange nach einem für interessierte Laien verständlichen Nachschlagewerk zur Putz- und Stuckherstellung, zur Entwicklung und zu historischen Verarbeitungsweisen gesucht. Was im Netzwerk ursprünglich vor drei Jahren in Form eines praktischen Wochenendworkshops angedacht war, wurde nun zur vorliegenden Publikation.

Entstanden ist durch die erfahrenen Diplomrestauratorinnen Carmen Diehl und Cornelia Marinowitz ein praxisbezogenes Werk, das sich von anderen Publikationen wohltuend abhebt. Denn es wird darin neben einem geschichtlichen und materialtechnischen Teil ganz konkret auf den bewahrenden Umgang mit historischen Putz- und Stuckoberflächen eingegangen. Anhand von Beispielen erläutern die Restauratorinnen, was ein eigentlicher Schaden und was die Herangehensweise zu dessen denkmalgerechter Behebung ist. Eindrücklich werden komplexe Sachverhalte in verständlicher Sprache wiedergegeben, immer wieder anzutreffende Schadensbilder nach Sanierungen illustriert und auf die ihnen zugrundeliegenden Fehleinschätzungen vermeintlicher Schäden eingegangen. Als eigentliches Hauptanliegen der Autorinnen steht als Quintessenz der Aufruf, historische Oberflächen aufgrund ihres Zeugniswertes zu materieller Zusammensetzung, historischer Verarbeitungsweise, stilistischer Gestaltung und ihres sichtbaren Alterungsprozesses zu erhalten. Sie sollten nicht zugunsten einer vermeintlich schönen und intakten neuen Oberfläche ersetzt oder mit einer fehlgeleiteten Restaurierung, die das Gleiche anstrebt, zerstört werden. Damit dies gelingen kann, folgt man der immer gleichbleibenden Methodik von Voruntersuchung, Maßnahmen und Dokumentation, die im Buch durch konkrete Hilfestellungen in Tabellenform angeregt werden. So sollte es gelingen, eine optimale Grundlage für die Erhaltung unseres kulturellen Erbes, im Speziellen für Putz und Stuck, auch für kommende Generationen zu legen.

Annina De Carli-Lanfranconi
lic. phil. Kunsthistorikerin

1 Einleitung

Zu Putz und Stuck gibt es bereits zahlreiche Publikationen. Wir möchten das Thema jedoch einmal aus der Sicht zweier Restauratorinnen betrachten und dabei vor allem deutlich machen, dass Putz und Stuck sehr viel mehr sind als Material und Verarbeitungstechnologie.

Putz und Stuck spielen von alters her eine wesentliche Rolle für die Gestaltung von Bauwerken und Innenräumen. Sie schützen und verzieren, strukturieren und gliedern Fassaden, Wände sowie Decken und spiegeln den stilgeschichtlichen Wandel unterschiedlicher Epochen in einzigartiger Weise wider (Bild 1). Bedeutsam ist aber nicht nur ihr kunsthistorischer Wert. Die historischen Beschichtungen und Verzierungen beinhalten darüber hinaus vielfältige technikgeschichtliche Informationen. An den seit Jahrhunderten verwendeten Materialien sind technische Entwicklungen der Herstellung und der Verarbeitung, Innovationen in der Materialtechnik und auch bautechnische Abläufe ablesbar. Dank moderner Labortechnik und wissenschaftlicher Forschung können Materialuntersuchungen selbst an unscheinbaren Fragmenten heute und in Zukunft immer neue Erkenntnisse zutage bringen. Putz und Stuck sind somit auch durch ihre Materialität wichtige Zeitzeugnisse für die Bau- und Technologiegeschichte, die nicht beliebig ersetzt werden können, ohne dass dadurch ein zum Teil heute noch verborgener Schatz an Informationen verloren geht (Bild 2).

Bild 1 Historische Außenputze als Zeitzeugen

Bild 2 Prachtvolle Stuckausstattung in der Klosterkirche in Schöntal

Mit dieser Publikation wenden sich die Autorinnen daher an die Fachleute aus den Bereichen Architektur, Fachplanung und Fachhandwerk, die zusammen mit Restaurator:innen für die Erhaltung von historischen Bauwerken und ihren Oberflächen stehen. Diese Aufgabe erfordert Teamarbeit, da die Maßnahmen zur Erhaltung sehr vielfältig sein können und es eine große Bandbreite unterschiedlichen Fachwissens braucht. Um eine gute Verständigung unter Fachleuten zu gewährleisten, ist es wichtig, über gemeinsame Grundkenntnisse und eine gemeinsame Sprache zu verfügen.

Historische Mörtel für Putz und Stuck unterscheiden sich grundlegend von heutzutage hergestellten Produkten. Bei der Beurteilung ihres Erhaltungszustands im Rahmen von Restaurierungen und Instandsetzungen werden sie jedoch oft losgelöst vom Kontext ihrer Entstehung und ursprünglichen Verwendung allein nach heutigen Kriterien und Standards beurteilt. Historischer Putz und auch Stuck sind jedoch keine standardisierten Baustoffe. Sie können nicht allein anhand weniger technischer Kennwerte beschrieben werden. Die Vielfalt der Herstellungsmöglichkeiten und die Fülle der verwendeten Materialien, die zudem oft noch regionale Eigenheiten aufweisen, werden bei einer undifferenzierten Betrachtung nicht berücksichtigt und nicht entsprechend ihrer Bedeutung eingeordnet. Man wird so weder ihrer materiellen noch ihrer kulturellen Bedeutung gerecht. Dieses Buch soll dazu beitragen, dass Putz und Stuck als das gesehen werden, was sie auch sein können: materielle Zeitzeugen, die es wert sind, nicht nur in ihrer äußerlichen Gestaltung, sondern auch in ihrer differenzierten Materialität und Bearbeitung ernst genommen und erhalten zu werden. Das Buch soll außerdem dazu beitragen, fachliche Missverständnisse auszuräumen und so eine bessere Verständigung zu Fragen und Problemen bei Sanierungs- oder Restaurierungsmaßnahmen an Putzmörtel und Stuck zu ermöglichen.

Es können jedoch nicht alle Aspekte berücksichtigt werden. So finden sich in diesem Buch für Putzmörtel vor allem Beispiele für Materialien und Verarbeitung aus der Zeit vom 13. bis 19. Jahrhundert. Einige Putzmörtel, die im 20. Jahrhundert für bestimmte Gestaltungen entwickelt wurden und heute bereits einen denkmalpflegerischen Wert besitzen, werden in die Betrachtung miteinbezogen. Der Stuck wird erst ab der frühen Neuzeit behandelt und exemplarisch die Entwicklung des technologischen Aufbaus und der verwendeten Materialien vorgestellt. Wir beginnen mit Beispielen für Stuck, die sich seit der frühen Neuzeit entwickelt und etabliert haben. Ausgeklammert bleiben alle antiken Baumaterialien und antiker Stuck, industriell hergestellte Putzmörtel und Betone. Moderne Materialien, die im Zusammenhang mit Konservierungs- und Restaurierungsmaßnahmen von Bedeutung sind, werden an der betreffenden Stelle jedoch aufgeführt.

Für den Putz und Stuck werden wir in den folgenden Kapiteln einige Beispiele anführen, an denen eine bestimmte Stilentwicklung oder Technologie auch bildlich gut verdeutlicht werden kann. Einige dieser Objekte mit hoher Authentizität stammen aus unserer Arbeitspraxis und sind über die Landesgrenzen hinaus weniger bekannt. Wir stellen sie deshalb in dem jeweiligen Kapitel kurz vor.

2 Begriffe und ihre sprachliche Herkunft

Die Anfänge der Baufachsprache stehen im Zusammenhang mit der beginnenden Entwicklung eines eigenständigen Bauhandwerks zur Zeit des Römischen Reichs, was das einheimische Bauwesen sowohl in bautechnischer wie in bautypologischer Hinsicht stark beeinflusste und veränderte. Betrachtet man speziell das Bauhandwerk in den süd- und südwestdeutschen Gebieten, werden fast alle Bezeichnungen für den Steinbau aus der Terminologie des römischen Bauhandwerks entlehnt, wodurch auch das Mörtelhandwerk maßgeblich geprägt wurde.[1]

Die Begriffe von damals sind bis heute in Gebrauch, erhielten aber durch die Sprachentwicklung über Jahrhunderte eine zum Teil neue Konnotation. Genau darin liegt auch die Schwierigkeit einer einheitlichen Terminologie begründet, zu der noch – damals wie heute – ein regional unterschiedlicher Gebrauch der Begriffe hinzukommt. Es geht deshalb im Folgenden nicht darum, eine starre Terminologie zu entwerfen, sondern die Herkunft der wichtigsten Begriffe und ihre Verwendung im heutigen Sprachgebrauch zu erklären, da sie für das Verständnis und die Kommunikation in der Konservierung und Restaurierung von Bedeutung sind.

Mauer

Die Bezeichnung »Mauer« entwickelte sich aus dem lateinischen Wort *mūrus*. Daraus bildete sich das mittelhochdeutsche Wort *mūr*, aus dem letztlich das Wort »Mauer« hervorgeht. In gleicher Weise leitet sich vom Wort *mūren* das Wort »mauern« ab, was den Vorgang beschreibt, wenn aus Steinen und Mörtel eine Wand errichtet wird.

1 Hoffmann 1998, S. 1064

Die Berufsbezeichnung des Maurers wurde in der Vergangenheit noch differenziert. Man unterschied im Mittelalter zum Beispiel, welches Material von den Handwerkern verarbeitet wurde. So werden Maurer als *cementarii* bezeichnet, die sich wiederum unterteilten in die *murarii* (Maurer, die Kalk verarbeiteten) und die *gypsarii* (Maurer, die mit Gips arbeiteten).

Betrachtet man den Begriff *gypsarii*, fällt die Wortverwandtschaft zur Bezeichnung »Gipser« auf, die zum Beispiel in Süddeutschland heute noch den Verputzer oder Maurer meint. Heute ist es jedoch unerheblich, welches Material durch die Maurer verarbeitet wird – es ist nur die Berufsbezeichnung erhalten geblieben ohne ihren ursprünglichen Bezug zum Material.

Mörtel

Das Wort »Mörtel« geht aus dem lateinischen Wort *mortarium* (Gefäß zum Zerstoßen) hervor. Aus dem Mittelhochdeutschen stammen die Wörter *morter, mörter, mortel,* wovon sich die noch heutige gängige Bezeichnung »Mörtel« (zerstampfter Inhalt des Mörsers) ableitet.[2]

Umgangssprachlich wird regional auch das Wort »Speis« für Mörtel verwendet. Es entwickelte sich vermutlich in Verbindung mit dem Begriff der Mauerspeise, dem gegossenen Mauerwerk zwischen Mauerschalen, was so viel bedeutete wie »der Mauer Nahrung geben«, um diese standfest zu machen.

Die »Mörtelmacher«, eine Berufsbezeichnung, wie sie heute nicht mehr vorkommt, waren eine wichtige Berufsgruppe auf allen Baustellen seit der Antike. Sie bedienten mit ihrer Arbeit nicht nur die Maurer, sondern auch Steinmetze und Dachdecker (Bild 3). Im Lateinischen wird der Mörtelmacher wie der Maurer ebenfalls als *cementarius* bezeichnet, daneben gibt es aber auch die deutschen Begriffe »Morterrürer«, »Mertermacher« oder »Morterkocher«, was auf die Art seiner Tätigkeit hinweist. Besonders interessant ist dabei der Begriff »Morterkocher«, der impliziert, dass der Mörtel, den er bereitet, heiß sein könnte.[3] Bild 3 gibt einen Eindruck von der Mörtelherstellung im späten Mittelalter. Es zeigt einen Arbeiter, der Mörtel von einem Haufwerk absticht. Im Vordergrund ist ein weiterer Arbeiter mit einem Mörtelbottich dargestellt. Zur Mörtelherstellung waren unterschiedliche Verfahren bekannt, die in Kapitel 5 noch beschrieben werden.

2 Paraschkewow 2004, S. 227

3 Marinowitz 2009, S. 79

Bild 3 Ein Mörtelmacher beim Anstich eines Haufwerks, 1448. Umzeichnung aus: Günther Binding, 2001

Putz

Das Wort Putz kann viele Bedeutungen haben und wurde nicht nur für die Bearbeitung der Wände mit Mörtel verwendet. Die spezielle Bedeutung »das Mauerwerk mit Mörtel zu bewerfen« hat sich erst ab dem 18. Jahrhundert entwickelt. In der Mode vergangener Jahrhunderte ist dieser Begriff dagegen allgegenwärtig und steht immer für das Dekor und die Verzierung der Kleidung. Bis heute kennen wir die Umschreibung »sich herausputzen« für »sich besonders gut kleiden«. Auch der Begriff »Putzen« für das Reinigen und Säubern, um etwas ansehnlich zu machen, ist bekannt. Im Bauwesen findet man ihn bereits im letzten Viertel des 15. Jahrhunderts, als »Butzen« und später als »Abbutzung« im Sinne von Herausstreichen und Schmücken (Bild 4 und Bild 5).

Eine regionale Bezeichnung erhält der Putz in Süddeutschland als sogenannter Bestich. Das »*Bestächen [...] Mit pflaster verwerffen oder verstreychen. Trullissare (mit einer Kelle Trulla) aufbringen*«[4] bezeichnet also den Mörtelauftrag auf eine Mauer, wobei es jedoch immer wieder zu Überschneidungen mit der Tünche kommt (vgl. nächster Abschnitt). In einem Lehrbuch von 1913 wird die Verputzarbeit anschaulich beschrieben. Der Begriff »Bestich« wird dort folgendermaßen erklärt: »*beim ›Bestich‹ handelt es sich entweder nur um Fugenbestich oder um vollständigen Mauerbestich; in beiden Fällen wird eine dünne Mörtelschicht mit der Kelle angeworfen, sodass auch beim vollständigen Mauerbestich die Form der einzelnen Steine noch erkennbar bleibt. Der Fugenbestich kann sich lediglich auf die Mauerfugen beschränken unter ganz geringem, unregelmäßigem Übergreifen auf die Steine selbst, oder er kann einen größeren Teil der Steine mit überziehen*«[5].

In dieser Beschreibung wird deutlich, dass es unerheblich ist, wo das Material eingesetzt wird. Egal ob Mauer- oder Fugenbestich – es handelt sich immer um eine dünne Mörtelschicht, die das Mauerwerk zum Teil noch erkennen lässt. Weitere Begriffe, die in diesem Zusammenhang stehen, sind das Ausschweißen oder Verbandeln, wodurch die Mauerwerksfugen nachträglich und flächenhaft mit Mörtel bearbeitet werden.

Eine weitere, bereits im Mittelalter verwendete Fugenbearbeitung, bei der der Mörtel der Mauerwerksfuge in einem separaten Arbeitsschritt um die Steine verstrichen und anschließend mit der Kellenkante eingeschnitten, eingeritzt oder nachgezogen wurde, wird heute als *pietra rasa* (rasierter, glatter oder verstrichener Stein) bezeichnet. So konnte ein unregelmäßiges Bruch- oder Feldsteinmauerwerk mit einem regelmäßigen Fugenbild versehen oder für weitere Bearbeitungen vorbereitet werden.

Im Gegensatz zum dünnen Mörtelüberzug auf einem Mauerwerk steht der Berapp oder raue Bewurf. Die Bezeichnungen »Rappputz« oder das »Berappen« beschreiben einen rauen Mörtelüberzug auf der gesamten Mauerfläche. Das Aufreißen oder »Raumachen« bzw. die Entfernung der Sinterhaut auf einem Kalkmörtel wird in Süddeutschland umgangssprachlich heute noch »Abrappen« genannt und erfolgt mit einem Putzhobel, dem sogenannten Rabo. Diese ausführungstechnischen Begriffe werden in Kapitel 6 behandelt.

4 Furttenbach 1628, S. 11; Maaler 1561, S. 63

5 Durm & Esselborn 1913, S. 62

Bild 4 Hausbücher der Nürnberger Zwölfbrüderstiftungen: Fritz Düncher (1424) beim Verputzen eines Hauses (Stadtbibliothek im Bildungscampus Nürnberg [Amb. 317.2° Folio 30 verso])

Bild 5 Hausbücher der Nürnberger Zwölfbrüderstiftungen: Hans Koetl, Düncher (1538) beim Verputzen eines Hauses (Stadtbibliothek im Bildungscampus Nürnberg [Amb. 317.2° Folio 158 verso])

Tünche

Die Bezeichnung »Tünche« hat unterschiedliche Ursprünge und es finden sich Verbindungen zu lateinischen Begriffen und Ableitungen daraus im Althochdeutschen.

Schon 1698 ist in Christoph Weigels »Druckwerk der Gemein-Nützlichen Hauptstände«[6] über das Tünchen zu lesen: *»Tünchen ist nichts anders / als eine / so höltzerne / als steinerne Wand mit einer gewissen Farb bestreichen und überkleiden / und zwar theils mit unterschiedlichen so einfach = als gemischten Sand = Farben / theils mit Kalch; [...] Was die Uberziehung der Gebäude betrifft / so haben sich die Alten auch öffters des mit Sand vermischten Kalchs bedienet / [...] solches Mauerwerck damit zu bewerffen / und so dann mit den durch Wasser angemachten Kalch zu übertünchen«*

6 Weigel 1698, S. 419, Num. IV. Der Tüncher

In der Vergangenheit wurde also beim Gebrauch von Tünche nicht zwischen Tünche als Anstrich und Tünche als dünne Mörtelschicht oder Schlämme unterschieden. Die Tünche ist in den allermeisten Fällen eine »weiße Bedeckung«, von der nicht klar definiert ist, wie dick diese Schicht ist und woraus sie sich zusammensetzt. Die Tünche oder »weiße Bedeckung« ist somit nicht als festgelegter Begriff etabliert, sondern bezeichnet historisch einen zumeist dünnschichtigen Überzug, der den Untergrund einebnet und vor Umwelteinflüssen schützt. Der Auftrag erfolgt zumeist mit Pinseln, Quasten und (Reisig-)Besen durch Aufstreichen, Anspritzen oder auch Bewerfen (Bild 6).

Eine Tünche kann somit als dünne, feinkörnige (Putz-)Mörtelschicht (Schichtdicke im Millimeter- bis Zentimeterbereich), aber auch in der Art einer Schlämme (Schichtdicke im Millimeterbereich) oder als reiner Anstrich (Schichtdicke im Mikrometerbereich) definiert werden.

Bild 6 Hausbuch der Nürnberger Zwölfbrüderstiftungen: Jorg Urlaub, Anstreicher, Bäcker und Aufseher der Mühlen (1668) beim Tünchen eines Turmes und beim Verkaufen von Brot
(Stadtbibliothek im Bildungscampus Nürnberg [Amb. 317b.2° Folio 23 recto])

3 Der Baustoff Mörtel

Mörtel ist der Hauptbestandteil für die Putz- und Stuckherstellung. Er besteht aus Bindemittel(n) und Zuschlägen und / oder Zuschlagstoffen oder Zusatzmitteln und wird mit Wasser zu einem flüssigen oder plastischen Brei verarbeitet, der anschließend durch physikalische und chemische Vorgänge versteift und abbindet bzw. nach teilweiser oder vollständiger Abgabe des Anmachwassers erhärtet.

Mörtel ist grundsätzlich nur ein Oberbegriff und es sollte korrekterweise sprachlich unterschieden werden, wofür dieser zum Einsatz kommt oder kam, zum Beispiel als Mauermörtel zur Herstellung von Mauerwerk (Setz- oder Gussmörtel), als Fugenmörtel zum nachträglichen Ausfugen von Mauerwerk oder als Putzmörtel zum Verputzen bzw. Verkleiden von Wänden und Decken.

Jeder Mörtel besitzt unterschiedliche chemische und mineralogische Eigenschaften, die im frischen Zustand seine Verarbeitbarkeit beeinflussen, im abgebundenen bzw. erhärteten Zustand Auswirkungen auf seine Festigkeit und Elastizität, auf seine Struktur, Textur und Farbe sowie sein chemisches und physikalisches Verhalten haben. Weitere Kriterien, die einen nicht zu unterschätzenden Einfluss auf die spätere Beschaffenheit des erhärteten Mörtels ausüben, sind die Verarbeitung, der Auftrag und die Einwirkung der umgebenden Baustoffe auf den Frischmörtel.

Bei fachgerechter Untergrund- und Materialbereitung verläuft die Mörtelerhärtung, also die Verfestigung des Bindemittels auf Grundlage physikalischer und chemischer Prozesse, in unterschiedlichen Phasen.

Die Anfangsphase ist das Versteifen, das sich in einem erst geringen und sukzessive stärker werdenden Ansteifen des Mörtels zeigt. Erreicht das Ansteifen ein bestimmtes Maß, so spricht man vom Erstarren bzw. Abbinden, bei dem der Mörtel nicht mehr ohne eine Gefügeschädigung verarbeitet oder bearbeitet werden kann.

Der Prozess der sich daran anschließenden Verfestigung wird als Erhärten oder vollständiges Abbinden bezeichnet. Der Erhärtungsvorgang hängt von der Art der verwendeten Bindemittel ab und kann sich über lange Zeiträume erstrecken.

3.1 Bindemittel

Bis zur Mitte des 19. Jahrhunderts und je nach regionalem Vorkommen waren die Bindemittel zur Herstellung von Mörtel auf drei wesentliche Bestandteile beschränkt: Kalk, Gips und Lehm. Mit zunehmender Industrialisierung und Materialforschung gelang es, diese Komponenten durch neue Verfahren so zu verarbeiten, dass ein weiteres Bindemittel entstand, der Zement.

Lange konnte nicht exakt zwischen Kalk und Gips unterschieden werden, da chemische Unterscheidungskriterien noch unbekannt waren. Es war den Bauhandwerkern in früherer Zeit aus Erfahrung sicher klar, dass es sich bei den beiden Materialien um unterschiedliche Stoffe handelte, die auch unterschiedlich zu verarbeiten waren. Sprachlich wurde das jedoch oft nicht unterschieden. Erst mit wachsenden Erkenntnissen in der Mineralogie und einem größeren Verständnis für chemische Zusammenhänge wurden die Eigenschaften von Bindemitteln ausdifferenziert und sie erhielten ihrer Zusammensetzung entsprechende Bezeichnungen.

In der historischen Literatur finden sich für das Bindemittel Kalk zahlreiche, oft regional verwendete Begriffe. Es wird von Sparkalk, Bitterkalk oder auch Lederkalk gesprochen, wobei oft nicht eindeutig ist, für welches Material die Bezeichnungen genau stehen.

Der Sparkalk wird in den meisten Gegenden allgemein mit Gips in Verbindung gebracht, »*da einige Gypsarten halb durchsichtig sind, wie zum Beispiel das Fraueneis, welches daher in einigen Gegenden auch Sperrglas, [...] genannt wird. [...] vielleicht von Sparren, spannen, binden, weil dieser Kalk sehr schnell und fest bindet*«[7].

Die sprachlichen Ungenauigkeiten bei der Benennung von Bindemitteln führten noch bis ins 19. Jahrhundert dazu, dass ein »Kalkmörtel« nicht als spezifischer Begriff für ein bestimmtes Bindemittel verwendet wurde, sondern generell einfach nur einen Mörtel bezeichnete.

7 Adelung 1780, S. 168

3.2 Kalk

Der Kalk (lat. *calx*) ist seit jeher ein wichtiger elementarer Rohstoff, sei es als Baustoff, in der Landwirtschaft, bei chemischen Anwendungen, in der Lebensmittelgewinnung oder in der Hygiene. Unter dem Oberbegriff Kalk werden am Bau jedoch drei verschiedene chemische Verbindungen des Elements Calcium zusammengefasst: der natürliche Kalkstein (Calciumcarbonat – $CaCO_3$), der gebrannte Kalk (Calciumoxid – CaO) (Bild 7) und der gelöschte Kalk (Calciumhydroxid – $Ca(OH)_2$).

Bild 7 Gebrannter Kalk (CaO) in Form von Stückkalk

Das Ausgangsmaterial zur Herstellung des Bindemittels Kalk ist Kalkstein. Er ist sehr vielfältig in seiner Zusammensetzung, was sich auf sein Aussehen, seine Beschaffenheit und seine Verwendbarkeit auswirkt.

Grundsätzlich besteht Kalkstein aus sedimentär abgelagertem Calciumcarbonat ($CaCO_3$), das auch als kohlensaurer Kalk oder Salz der Kohlensäure bezeichnet wird. Calciumcarbonat tritt vor allem in Form des Minerals Calcit und in den Modifikationen Aragonit und seltener Vaterit auf. Kalkstein kann durch chemische Fällung aus Süßwasser (Kalksinter) oder Meerwasser entstehen, ferner durch biochemische Prozesse und durch Ablagerung (Sedimentation) von Schalenbruchstücken und anderen Überresten wirbelloser Tiere wie Muscheln, Schnecken oder Schwämmen im Meer sowie seltener im Süßwasser.

In mehr oder minder schwankenden Anteilen können verschiedene natürliche Bestandteile und Verbindungen im abgelagerten Kalkstein auftreten. Dazu zählen Tonminerale (überwiegend wasserhaltige Aluminiumsilikate), Dolomit (Calcium-Magnesium-Carbonat – $CaMg(CO_3)_2$), Quarz (SiO_2), Silikate (z. B. Feldspäte), Baryt

(Bariumsulfat – $Ba(SO_4)$, auch Schwerspat genannt), Phosphate, Fluorit (Calciumfluorid – CaF_2, für das auch die Bezeichnung Flussspat gebräuchlich ist, die auf seine Verwendung als Flussmittel in der Metallverarbeitung verweist), Anhydrit ($CaSO_4$), Gips (Ca_2SO_4 $2H_2O$), Eisenoxide und -hydroxide, organische Substanzen wie Bitumen und andere.

Dolomit ist wie Kalkstein ein Carbonatgestein, besteht aber im Gegensatz zu diesem zum größten Teil aus dem gleichnamigen Mineral Dolomit ($CaMg(CO_3)_2$). Namensgeber dieses Minerals ist der französische Geologe Dieudonnè Sylvain Guy Tancrède de Gratet de Dolomieu (1750–1801), der das bis dahin unbekannte kalkähnliche Gestein in den Stubaier Alpen (Dolomiten Südtirols) entdeckte. Makroskopisch ist Dolomit oft nicht von Kalkstein unterscheidbar. Dolomit entsteht entweder durch die primäre Ausfällung von Dolomit oder durch die sekundäre Dolomitisierung von Kalkschlamm. Nebenbestandteile können in Form von Phyllit (Phyllitschiefer, Tonglimmerschiefer oder Urtonschiefer), Markasit (Sulfidmineral – FeS_2) und bituminösen Anteilen vorliegen.[8]

Bei dolomitischem Kalk besteht der Kalkstein zu 10 bis 50 % aus Dolomit, calcitischer oder kalkiger Dolomit besitzt einen 50 bis 90%igen Dolomitanteil und bei über 90 % Dolomitanteil spricht man von Dolomitstein.[9]

Ein wesentlicher Aspekt für die Verwendbarkeit von Kalkstein als Rohstoff zur Bindemittelherstellung ist der enthaltene Anteil von Tonmineralien. Kalkstein mit einem hohen Anteil an Tonmineralien (>40 %) wird Mergel genannt. Dieser Kalkstein entsteht durch carbonatische Sedimentation unter gleichzeitiger Ablagerung von Tonpartikeln. Mergel besitzt oft ein erdiges bis toniges Aussehen. Je nach Art der beteiligten Carbonatkomponente können Mergel calcitisch oder dolomitisch sein. Bei calcitischem Mergel ist der Tongehalt ausschlaggebend für die Festigkeit. Mit zunehmendem Tongehalt werden Glanz der Gesteinsoberfläche sowie Schicht- und Bruchflächen matter.[10] Die Bezeichnung der Kalksteine mit Tonmineralien erfolgt nach dem vorhandenen Calciumcarbonatanteil (Tabelle 1):

8 Hugues, Steiger & Weber 2002/2008, S. 19
9 Okrusch & Matthes 2014, S. 399
10 Vinx 2015, S. 331ff

Calciumcarbonatanteil in %	Bezeichnung
85 bis 95 %	Kalkstein
85 bis 95 %	mergeliger Kalkstein
75 bis 85 %	Mergelkalkstein
65 bis 75 %	Kalkmergel
40 bis 65 %	Mergel
10 bis 40 %	Tonmergel
2 bis 10 %	mergeliger Ton

Tabelle 1 Bezeichnung toniger Kalksteine

Das zur Kalkherstellung notwendige Calciumcarbonat kommt in der Natur außer als Kalk- oder Dolomitstein auch in Form von Kreide sowie als Marmor vor. Die Steine, die zur Bindemittelherstellung benutzt wurden, waren nur in den wenigsten Fällen rein, das heißt frei von Ton oder anderen Mineralien. Ein Großteil der für Bindemittel historischer Mörtel verwendeten Kalksteine waren, je nach geologischer Verfügbarkeit, unreine, mergelige oder dolomitische Kalksteine.

3.2.1 Kalk brennen

Zur Herstellung von Kalk wird Kalkstein über einen längeren Zeitraum in einem Meiler oder Ofen gebrannt. Dabei entweicht das Kohlendioxid (CO_2) aus dem Gestein und es entsteht sogenannter Branntkalk (Ätzkalk), der auch als Stückkalk bezeichnet wird. Chemisch betrachtet handelt es sich hierbei um Calciumoxid (CaO). Die Steine verlieren durch das Brennen ab circa 900 °C an Volumen (ca. 10 bis 20 %) und Gewicht (ca. 44 %).

Der Brennvorgang hat entscheidenden Einfluss auf die Qualität des gebrannten Materials. Wenn der Kalk nicht vollständig durchgebrannt ist, zum Beispiel bei der Verwendung von zu großen oder falschen Steinen, bei zu geringer Hitze oder zu kurzer Brenndauer, liegen die ungebrannten Bestandteile nach dem Löschen im Mörtel praktisch nur als Zuschlag vor. Solche Kalke werden als »mager« bezeichnet, im Gegensatz zu »fettem« Kalk bietet dieser minderwertige Kalk keine ausreichende Bindekraft, die zum Herstellen von Mörtel erforderlich ist. Aus diesem Grund war der Brennprozess immer eine wichtige Tätigkeit, die schon im Mittelalter nur in die Hände von vertrauenswürdigen Arbeitern gelegt wurde, wie Endress Tucher im Baumeisterbuch von Nürnberg (1464–1475) bereits beschrieb.[11] Das Kalkbrennen war somit auch eine Aufgabe, die in mittelalten Städten durch Stadtbaumeister überwacht wurde. Diese mussten im Hinblick auf die Realisierung großer Bauvorhaben dafür sorgen, dass immer ausreichend Material vorhanden war.[12] Ein Kalkbrand erforderte daher lange Planung. Die Standorte der städtischen Kalköfen sind für Nürnberg im Baumeisterbuch bis heute überliefert. In anderen Städten oder Dörfern mögen Ortsbezeichnungen noch auf Standorte schließen lassen. Beispiele für unterschiedliche Kalköfen und deren Funktionsweise finden sich in der Literatur.[13]

3.2.2 Kalk löschen

Nach dem Brennen muss der Brannt- oder Stückkalk für die weitere Verarbeitung gelöscht, das heißt mit Wasser übergossen werden. Beim Löschen des Kalks wird durch chemische Reaktion zunächst Calciumhydroxid gebildet ($CaO + H_2O \mapsto Ca(OH)_2$). Bei dieser Reaktion zerfällt der Stückkalk zu kleineren Brocken und Pulver und vergrößert unter starker Wärmeentwicklung sein Volumen.

Das Löschen des Branntkalks kann auf zwei Arten ausgeführt werden. Beim ersten Verfahren wird der Stückkalk (CaO) mit nur wenig Wasser begossen. Er zerfällt bei diesem Löschverfahren unter starker Hitzeentwicklung und Volumenzunahme zu körnigem bzw. pulverigem Calciumhydroxid ($Ca\,(OH)_2$). Daher rührt auch die Verfahrensbezeichnung »Trockenlöschen«, da das Ergebnis pulverförmig, also mehr oder weniger trocken ist. Diese Methode wird im Baumeisterbuch des Endress Tucher aus dem 15. Jahrhundert an einer Stelle eindrücklich beschrieben. Hier kann man lesen, dass der gebrannte Stückkalk aus der Hütte nur verkauft wurde, wenn er vorher »melbsweis« also »zu Mehl gemacht« war, das heißt gelöscht wurde.[14]

Beim zweiten Verfahren wird der Branntkalk mit einem Wasserüberschuss gelöscht. Verwendet wird circa die zwei bis dreifache Volumenmenge Wasser im Verhältnis zum zu löschenden Stückkalk. Auf diese Weise entsteht der sogenannte Sumpfkalk, der eine breiige bis milchig-flüssige Konsistenz hat und gewöhnlich in Gruben nachgelagert wird, sodass nicht vollkommen abgelöschte Bestandteile

11 Tucher 1862, S. 89
12 Marinowitz 2009, S. 74
13 Müller 2021, S. 77
14 Tucher 1862, S. 93

Zeit zum Nachlöschen haben und Verunreinigungen, die zu chemischen Umwandlungen führen können, sich am Boden absetzen.

Noch vor 100 Jahren war Kalk »Volksgut«: Jeder, der Kalk benötigte, konnte Kalk erwerben, und fast jedes ländliche Anwesen hatte noch eine Kalkgrube, die den Bedarf für Mörtel und Farbe für den Hausgebrauch gedeckt hat. Oft zeugen bis heute Wegbezeichnungen in den Dörfern vom Standort der alten Kalkgruben.

3.2.3 Erhärtung von Luftkalk

Die Erhärtung von Luftkalk wird als Carbonatisierung bezeichnet. Sie basiert auf verschiedenen Kristallisationsvorgängen bzw. der Bildung von Calcit ($CaCO_3$) durch die Aufnahme von Kohlendioxid (CO_2) aus der Umgebungsluft. Das Aussehen und die Bildung der Calcitkristalle werden dabei von verschiedenen Faktoren bestimmt, wie der Temperatur, dem Luftdruck (CO_2-Partialdruck), der Konzentration von Calciumhydroxid ($Ca(OH)_2$) in der Lösung (H_2O) bzw. der Anwesenheit von Lösungsgenossen (weiteren in demselben Lösungsmittel gelöste Substanzen, die sich auf die Kristallbildung auswirken).

In einem Mörtel verwachsen anschließend die Kristalle so miteinander, dass sie um die Zuschlagstoffe ein stabiles Gefüge (Matrix) ausbilden, das von feinen Kapillarporen durchzogen wird, die für die weitere Diffusion von Kohlendioxid (CO_2) unerlässlich sind. Während der Luftkalkmörtel an der Oberfläche relativ zügig erhärtet, dauert es oft Jahre oder gar Jahrzehnte, bis das Kohlendioxid auch tiefere Schichten erreicht und das Calciumhydroxid vollständig carbonatisiert ist. Zur Beschleunigung der Carbonatisierung stellte man früher bisweilen offene Holz oder Koksöfen auf, um den CO_2-Anteil in der Luft zu erhöhen und so eine schnellere Erhärtung von Luftkalkmörtel zu erreichen.

3.2.4 Kalksorten

Je nach Ausgangsgestein entstehen beim Brennen unterschiedliche Kalksorten.

Weißkalk wird aus fast reinem Kalkstein, also Calciumcarbonat ($CaCO_3$), unterhalb der Sintergrenze gebrannt. Beim pulverförmigen Weißkalkhydrat handelt es sich um gemahlenen Stückkalk (CaO), der technisch unter einer genau definierten Menge Heißdampf abgelöscht worden ist, sodass Calciumhydroxid ($Ca(OH)_2$) entsteht, das gebrauchsfertig als Bindemittel verwendet werden kann. Der Gehalt an Calciumcarbonat bzw. die chemische Zusammensetzung des Weißkalks bestimmt die heutige Klassifizierung und Bezeichnung[15], zum Beispiel CL 90 für Kalk mit einem 90%igen $CaCO_3$-Anteil.

Dolomitkalk, früher auch als Graukalk oder bei einem hohen Anteil an organischen Bestandteilen (Kohlenstoff) als Schwarzkalk bezeichnet, wird aus magnesithaltigem Kalkstein (Calciummagnesiumcarbonat – $CaCO_3 + MgCO_3$) hergestellt, der unterhalb der Sintergrenze gebrannt wird. Dolomitkalke erhärten langsamer als Luftkalke, erreichen jedoch höhere Endfestigkeiten.

Natürlicher hydraulischer Kalk (NHL) wird aus mergeligem Kalkstein, also aus tonhaltigem Kalk ($CaCO_3$) mit den Hydraulefaktoren Kieselsäure (SiO_2), Aluminiumoxid (Al_2O_3) und Eisenoxid (Fe_2O_3), durch Brennen bei Temperaturen unterhalb der Sintergrenze (ca. 1200 °C) hergestellt. Beim Brennen bilden sich außer Calciumoxid (CaO) die Klinkermineralien Tricalciumaluminat, Dicalciumsilicat und Tetracalciumaluminatferrit, die dem Bindemittel seine charakteristischen Erhärtungs- und Festigkeitseigenschaften geben.

Als natürlicher hydraulischer Kalk bezeichnete Bindemittel binden sowohl carbonatisch (durch Reaktion mit dem CO_2 aus der Luft) als auch hydraulisch ab. Der Begriff »hydraulisch« wurde von Bernard de Bélidor (1697–1761) in seinem 1737–1753 in vier Bänden erschienenen Werk *»Architecture hydraulique«* eingeführt. Er beschrieb darin unter anderem erstmals die Herstellung und Verwendung von *»Beton«* für Fundamentierungsarbeiten unter Wasser. Louis-Joseph Vicat (1786–1861) adaptiert diese Bezeichnung, die namensgebend für den *»Chaux hydraulique«*, den künstlich hergestellten hydraulischen Kalk, bzw. für Bindemittel, die unter Wasser abbinden, wurde.

Die Bezeichnung und Klassifizierung dieser Kalke erfolgt zum Beispiel als NHL 2, für einen nur schwach hydraulisch abbindenden natürlich hydraulischen Kalk mit einer Druckfestigkeit von 2 N/mm^2.

Bei einem Gehalt an Hydraulefaktoren von mehr als 10 % bezeichnet man das Bindemittel als Wasserkalk. Hydraulischer Kalk liegt mit einem Anteil von mehr als 15 % und hochhydraulischer Kalk mit einem Gehalt an Hydraulefaktoren zwischen 25 und 30 % vor.[16]

15 DIN EN 459-1 – Weißkalk CL 90, CL 80, CL 70

16 Stehno 1981, S. 65ff

3.3 Gips

Gips ist, wie Kalk, ein seit der Antike verwendetes Baumaterial, das in manchen Regionen Deutschlands sowohl als Mauerstein wie auch zur Mörtelherstellung im Innen- und Außenbereich eingesetzt worden ist. Das heutige Wort »Gips« stammt vom lateinischen *gypsum* und wurde so bereits ins Althochdeutsche als »Gips« oder »Gyps« übernommen. In der Romanik kommen auch Bezeichnungen wie »Jips« und im rheinfränkischen, bayrischen und schwäbischen Dialekt dann noch »Ips« hinzu[17], wovon heute auch manche Ortsnamen noch zeugen, wie Iphofen, Ipsheim, Ippesheim, Ipthausen.

Historische Gipsbindemittel entstanden aus dem Rohstoff Naturgips und wurden bergmännisch als Gipsgestein abgebaut. Heute ist die Hälfte des erhältlichen Gipses ein Nebenprodukt verschiedener chemischer großtechnischer Verfahren. Die größten Mengen fallen als Abfallprodukt bei der Rauchgasentschwefelung in Kohlekraftwerken an. Die Entschwefelung der Rauchgase erfolgt in den meisten Fällen über ein Nasswaschverfahren mit gebranntem Kalk oder natürlichem Kalkstein. Durch Reaktion mit dem Schwefeldioxid (SO_2) aus den Rauchgasen entsteht Calciumsulfat. Gips aus Rauchgasentschwefelungsanlagen, kurz: REA-Gips, kann durch Flugasche und andere Bestandteile verunreinigt sein.

3.3.1 Gipsstein

Mit dem Begriff Gips wird im Allgemeinen Calciumsulfat ($CaSO_4$) bezeichnet, das jedoch in verschiedenen Hydratstufen vorkommt, das heißt mit Einlagerung verschiedener Mengen an Kristallwasser (H_2O) oder vollkommen entwässert. Diese differenzierten Zusammensetzungen wurden erst Anfang des 19. Jahrhunderts entdeckt. Der französische Mineraloge René-Just Haüy benannte das Mineral 1801 nach dessen Eigenschaft als *chaux sulfatée anhydre*, also als wasserfreien Sulfatkalk[18], was 1804 durch den Mineralogen Abraham Gottlob Werner im Deutschen unter dem Namen Anhydrit übernommen wurde.

Der in der Natur vorhandene Gipsstein besteht entweder aus Calciumsulfat-Dihydrat ($CaSO_4 \cdot 2H_2O$), der also zwei Wassermoleküle enthält, oder aus dem wasserfreien Anhydrit.

17 Götze 1939, S. 186

18 Klaproth 1803, S. 355–362

Gips und Anhydrit gehören zu den Evaporiten und entstanden durch das Auskristallisieren aus mit Calciumsulfat übersättigtem Meerwasser. Bei der Eindampfung teilweise abgeschnürter Meeresbecken lagerten sich Schicht um Schicht verschiedene Minerale ab. Aufgrund seiner Löslichkeit lagerte sich Calciumsulfat-Dihydrat als erstes Mineral nach den Carbonaten ab. Erst mit zunehmender Überdeckung durch andere Salze (Chloride) und Gesteine wandelte sich Calciumsulfat-Dihydrat durch Entwässerung in Anhydrit um. Infolge dieses Ablagerungsverlaufs können Verunreinigungen (primäre Ablagerungen während der Entstehung sowie sekundäre Verunreinigungen durch nachträgliche Ablagerungen in Spalten und Hohlräumen) enthalten sein, zum Beispiel Kalk (Calciumcarbonat), Dolomit, Mergel, Ton, seltener Kieselsäuren, Bitumen, Glauberit (Calcium-Natrium-Sulfat), Syngenit (Kalium-Calcium-Sulfat) und Polyhalit ($K_2Ca_2Mg(SO_4)_4 \cdot 2H_2O$).

Die Lagerstätten von Gipsstein und Anhydritvorkommen befinden sich in Deutschland vor allem in der Muschelkalk- und Keuperformation (Thüringen, Mainfranken) oder im wesentlich älteren Zechstein (Norddeutsche Tiefebene und am südlichen Harzrand).

Bedingt durch die geologische Vorgeschichte unterscheiden sich die Gipse in ihrem Reinheitsgrad, in ihrer Farbe und auch in ihrem Gefüge, was großen Einfluss auf die Kristallausbildung und die Eigenschaften des jeweiligen Gipses hat.[19] Nach ihrer Kristallform werden die Mineralien dann zum Beispiel auch als Fasergips, Felsengips, körniger Gips, Marienglas, dichter Anhydrit oder grobkörniger Anhydrit bezeichnet.

3.3.2 Gips brennen

Die Bedeutung von Gips als Bindemittel beruht auf seiner Fähigkeit zur Dehydratation (Entwässerung) und der Entstehung abbindefähiger Calciumsulfatphasen sowie der Rehydratation, einer Wassereinlagerung in sein Kristallgitter, also der Umkehr des Prozesses. Die für die Bindemittelherstellung notwendige Dehydratation benötigt im Vergleich zu anderen Bindemitteln nur sehr wenig Energie, denn das Dihydrat ist nur unterhalb einer Temperatur von 40 bis 42 °C stabil, bei höheren Temperaturen in Abhängigkeit vom Wasserdampfdruck kann bereits eine Teildehydratation einsetzen.[20]

19 Bundesverband der Gipsindustrie e. V. (2009)
20 Freundliche Mitteilung von Dr. Christine Bläuer

Zur Gipsherstellung wird der Gipsstein zuerst mechanisch zerkleinert und anschließend gebrannt. Durch die Erhitzung des Rohgipses entsteht das Calciumsulfat-Halbhydrat, auch Bassanit genannt, mit der chemischen Formel $CaSO_4 \cdot ½\, H_2O$.

Das Calciumsulfat-Halbhydrat kann in zwei Modifikationen vorliegen, als sogenanntes α-Halbhydrat (kristallines Halbhydrat) und β-Halbhydrat (poröses Halbhydrat), die durch Unterschiede bei der Art des Erhitzens entstehen.

α-Halbhydrat ($CaSO_4 \cdot ½\, H_2O$) entsteht bei Temperaturen von 80 bis 180 °C unter Wasserdampfatmosphäre[21]. Die technische Herstellung erfolgt durch Erhitzen in einem geschlossenen Gefäß (Autoklav) unter Nassdampfatmosphäre bei Temperaturen im Bereich von 100 bis 150 °C bzw. drucklos in Säuren und wässrigen Salzlösungen. Das α-Halbhydrat hat ein sehr dichtes Gefüge. Es ist Ausgangsstoff für härtere Gipse (Typ III, IV und V) und benötigt weniger Wasser, aber mehr Zeit zum Abbinden.

β-Halbhydrat ($CaSO_4 \cdot ½\, H_2O$) entsteht bei Temperaturen von 120 bis 180 °C in trockener Luft.[22] Die Herstellung erfolgt bei Temperaturen von circa 120 bis 180 °C beim Brennen in einem offenen Gefäß unter normaler Atmosphäre. Das β-Halbhydrat ist Ausgangsstoff für weichere Gipse. Es hat ein sehr poröses Gefüge mit großer spezifischer Oberfläche. Beim Vermischen mit Wasser erfolgt deshalb bereits innerhalb weniger Minuten eine Rehydratation zum Dihydrat.

Bei Temperaturen bis 290 °C[23] und durch weiteren Wasserverlust entsteht aus dem Halbhydrat Anhydrit III ($CaSO_4$), das auch einfach Anhydrit genannt wird. Bei Vorhandensein von Wasser, aber auch bei hoher Luftfeuchtigkeit bildet sich daraus sehr schnell wieder das Halbhydrat.

Bei Temperaturen zwischen etwa 300 bis 900 °C bildet sich Anhydrit II ($CaSO_4$), das in seiner chemischen Zusammensetzung dem naturlich vorkommenden Anhydrit entspricht, jedoch abhängig von der Temperatur in drei unterschiedlichen kristallinen Varianten auftritt.

Anhydrit II-s entsteht bei Temperaturen unterhalb von 500 °C. Das *s* steht dabei für »schwerlöslich«. Beim Vermischen mit Wasser erfolgt die Hydratation erst innerhalb von Stunden und Tagen, anders als beim einfachen Anhydrit.

21 Bundesverband der Gipsindustrie e. V. (2013), S. 17

22 Bundesverband der Gipsindustrie e. V. (2013), S. 17

23 Die Temperaturangaben beziehen sich immer auf die Herstellung im technischen Prozess.

Anhydrit II-u bildet sich bei Temperaturen von 500 bis 700 °C aus dem Anhydrit II-s ($CaSO_4$), das *u* steht dabei für »unlöslich«. Durch die Zugabe von gebranntem Kalk kann auch Anhydrit II-u zum Abbinden gebracht werden.

Anhydrit II-E, der sogenannte Estrichgips, entsteht bei Temperaturen oberhalb von 700 °C. Ein Teil des Calciumsulfats II zerfällt aufgrund thermischer Dissoziation in Calciumoxid (CaO)[24] und Schwefeltrioxid (SO_3). Der Estrichgips stellt so eine Mischung aus CaO und $CaSO_4$ dar. Die Oberflächenaktivität wird durch das Calciumoxid erhöht, denn nur so kann der Estrichgips abbinden und die Abbindezeit auf die benötigte Verarbeitungsdauer verkürzt werden. Infolge der anschließenden Hydratation reagiert der enthaltene Branntkalk mit dem Anmachwasser zu Calciumhydroxid und durch das Kohlendioxid aus der Luft erfolgt die Umbildung zu Calciumcarbonat.

Anhydrit I ($CaSO_4$) ist die Hochtemperaturmodifikation des Gipses. Es bildet sich erst bei 1180 °C.

Früher wurde Gips ähnlich dem Kalkstein in Meilern oder Stadeln, später in Feldbrandöfen[25] gebrannt und lag dann in Form eines Hochbrandgipses vor, der in Abhängigkeit von den im Brennofen herrschenden Bedingungen aus einem Gemisch aus unterschiedlichen Phasen (meist wohl Anhydrit II) und Rohgipsstücken (nicht vollständig durchgebrannt) bestand, die eine bewusste Magerung der Mörtel darstellten, sodass diese plastisch sowie skulptural bearbeitet werden konnten. Ein Großteil der mittelalterlichen Stuckplastiken (Gernrode, Hildesheim, Quedlinburg etc.) wurde aus hochgebranntem Estrichgips (gebrannt bei Temperaturen über 700 °C) hergestellt.[26]

Ein großer Vorteil der Nutzung von Gipsmörteln lag in den günstigen herstellungstechnischen Eigenschaften, denn Gips musste nicht wie gebrannter Kalkstein aufwendig abgelöscht oder mit Zuschlagstoffen abgemagert werden.[27]

So wurde auf einfache Weise bis zur Entwicklung des industriellen Brandes im 19. Jahrhundert der Gipsstein zu Pulver zerschlagen oder gemahlen und über dem Feuer meist in Kesseln oder Pfannen gebrannt bzw. gekocht. Künitz beschrieb diesen Vorgang 1728 folgendermaßen: »*Die Bildhauer und Stuckaturarbeiter finden den in Kesseln gebrannten Gyps zu ihren Geschäften vorzüglich. Sie schlagen den Gypsstein mit Hämmern zu Pulver, und setzen die gepulverte Masse in eisernen oder kupfernen*

24 Thermocalcit
25 Lucas 2001, S. 49–68
26 Kühn 1995, S. 19
27 Steinbrecher 1992, S. 59–61

Kesseln auf das Feuer.« Das Gipspulver » *[...] wallet in dem Kessel wie siedendes Wasser auf*«, steigt auf und sinkt wieder und gleicht einer »*zerriebenen Erde*«, die noch gesiebt werden muss.[28]

Mit dieser Methode konnte nur vergleichsweise wenig Gips hergestellt werden, der dann auch nur für die Bildhauer- und Stuckaturarbeit eingesetzt wurde.

3.3.3 Gipserhärtung

Die Erhärtung von Calciumsulfat nach der Verarbeitung stellt im Prinzip die Umkehrung des Brennprozesses durch einen Kristallisationsvorgang dar. Bei diesem Abbindevorgang wird wieder die Menge an Kristallwasser aufgenommen, die zur Kristallisation von $CaSO_4 \cdot 2H_2O$ benötigt wird.

Das eingestreute Halbhydrat bildet in Wasser eine gesättigte Lösung. Durch die Umsetzung mit Wasser entsteht Dihydrat, das nur leicht wasserlöslich ist, wodurch die Lösung übersättigt wird. Aus dem Dihydrat bilden sich nun nadelförmige Kristalle, die verfilzen, bis ein verfestigtes Gefüge aus Dihydratkristallen vorliegt, was im Endprozess zu einer Expansion der erhärteten Masse führt.

Dieser Vorgang bzw. die Hydratationsgeschwindigkeit wird durch die Keimbildungshäufigkeit, die Kristallwachstums- und Keimbildungsgeschwindigkeit bestimmt. Die Zeitdauer für jeden Reaktionsabschnitt ist abhängig vom Wasser-Gips-Verhältnis und davon, ob Beschleuniger (z. B. anorganische Salze oder Reste von Gips im Anmachgefäß) vorhanden sind. Im Gegenzug bewirken sogenannte Verzögerer, wie Alkali- und Erdalkalihydroxide, Alkali- und Ammoniumphosphate oder organische Säuren und deren Salze, eine Absenkung der Löslichkeit des Dihydrats, sodass das Kristallwachstum verzögert einsetzt und der Abbindeprozess verlangsamt wird.

3.3.4 Gipssorten

Heutige Produktionsverfahren von Gipsbindemitteln sind gezielt auf die Herstellung einzelner Phasen (z. B. α- und β-Halbhydrat) oder definiert zusammengesetzter Phasengemische ausgerichtet. Die verschiedenen Gipssorten werden mit den folgenden Bezeichnungen gekennzeichnet:

28 Krünitz 1788, S. 422

Typ I (Abformgips, β-Halbhydrat),
Typ II (Alabastergips, β-Halbhydrat),
Typ III (Hartgips, α-Halbhydrat),
Typ IV (Superhartgips mit niedriger Expansion, bis 0,15 %, α-Halbhydrat),
Typ V (Superhartgips mit hoher Expansion, bis 0,3 %, α-Halbhydrat).

Neben diesen Gipssorten werden auf dem Markt auch Mischungen aus Mehrphasengipsen angeboten, wie zum Beispiel Putzgips, bei dem Calciumsulfat-Halbhydrat, Anhydrit III und Anhydrit II in einem besonderen Verhältnis stehen. Hauptbestandteil von Stuckgips ist Calciumsulfat-Halbhydrat (überwiegend β-Halbhydrat), jedoch sind auch hier andere Phasen des gebrannten Gipses wie Anhydrit II enthalten. Bild 8 zeigt einige Gipssorten in pulverförmigem und in erhärteten Zustand.

Bild 8 Verschiedene Gipssorten: obere Reihe pulverförmig, untere Reihe erhärtet; von links nach rechts: Stuckgips, Hartformengips, Alabastergips, Hochbrandgips, Hartformengips

3.4 Lehm

Lehm ist ein natürlicher Baustoff, der regional je nach geologischer Beschaffenheit in sehr unterschiedlichen Zusammensetzungen vorzufinden ist. Er gehört mit zu den ältesten Baumaterialien überhaupt und kann vielfältig verwendet werden.

In der Natur bildete sich Lehm aus Löss, einem Sediment, das sich während der letzten Eiszeiten durch Verwehungen in den vereisungsfreien Gebieten an Berghängen (Gehängelehme), infolge von Gletscherbewegungen (Geschiebelehme) oder in bzw. durch Flüsse als Schwemm- und Auenlehm abgelagert hat.

3.4.1 Ton

Das Bindemittel des Lehms, der Ton, ist durch chemische und mechanische Verwitterung aluminiumhaltiger Silikatgesteine entstanden und besteht aus blättchenförmigen Kristallen, die mit weiteren unterschiedlichen Mineralbestandteilen versetzt sein können. Diese Tonminerale lagern sich zu tetraedrischen Siliciumschichten und oktaedrischen Aluminium-, Magnesium-, Ferritschichten in unterschiedlichen Schichtstrukturen zusammen.

Bei den am meisten vorkommenden Dreischichttonmineralen kann Wasser in den Zwischenschichten eingelagert werden, sodass sich die Schichtpakete gegeneinander verschieben lassen, was die Plastizität des Tons ausmacht. Bei einem zu hohen Wasserangebot geht der Zusammenhalt allerdings verloren und der Ton liegt nur noch als kolloidale Dispersion vor. Trocknet der Ton aus, wird er spröde und relativ brüchig.

Zu den Dreischichttonmineralen zählen zum Beispiel Montmorillonit Al $[Si_2O_5(OH)]$, das auch den Hauptbestandteil der stark quellfähigen Bentonite bildet, und Illit. Zu den Zweischichtmineralen zählt Kaolin, ein weißer Ton, aus dem Porzellan hergestellt wird. Zusätzlich können Tone noch Beimischungen weiterer Mineralien enthalten, die nicht zu den plastischen Eigenschaften beitragen, jedoch die Farbe beeinflussen können, wie zum Beispiel Quarz, Kalzit, Dolomit, Feldspäte, Metalloxide und -hydroxide oder auch kolloidale Kieselsäure und Eisenhydroxid.

3.4.2 Aufbereitung von Lehm

Lehm wurde in Lehmgruben abgebaut und musste für die Verwendung als Baumaterial aufbereitet werden. Er wurde im Herbst »gestochen« und zum »Auswettern« in Haufen aufgeschüttet. Dabei fand eine Zersetzung der knollenartigen Tonansammlungen durch Regen und Frost statt. Im Frühjahr konnte der Lehm dann durchmischt oder plastifiziert werden, was zum einen durch einfaches Treten oder Stampfen oder aber in Lehmmühlen gemacht wurde.

Durch die Aufbereitung des Lehms wird die Bindigkeit, also die Klebekraft der Tonplättchen erhöht. Allerdings führt ein hoher Tonanteil im Lehm beim Trocknen zu späteren Rissbildungen, weshalb der »fette« Tonanteil durch Zugabe von Zuschlägen (gebrochener scharfkantiger Sand) »abgemagert« werden muss. Lehm erhält also sein Haftvermögen und seine Festigkeit nur aufgrund eines idealen Mischungsverhältnisses (Bild 9).

Bild 9 Herstellung von Baulehm in einem Zwangsmischer

3.4.3 Baulehm

Die Verwendung von Baulehm war über Jahrhunderte hinweg gängige Praxis und erfreut sich auch heute wieder großer Beliebtheit. Zum Bauen verwendete Lehme sollten einen Tonmineralanteil von circa 10 bis 15 % aufweisen. Kommen noch organische Zusatzstoffe oder mineralische Zuschläge hinzu, kann der Tonanteil bis auf circa 30 % erhöht werden. Die wesentliche Eigenschaft dieses Baustoffs war und ist neben der guten Verfügbarkeit an vielen Orten seine Wiederverwendbarkeit. Eine weitere Eigenschaft, die sich vor allem in Innenräumen positiv bemerkbar machen kann, ist die Fähigkeit, Wasser aufzunehmen, wodurch Lehm das Raumklima beeinflusst. Aufgrund seiner Wasseraufnahmefähigkeit hat Lehm zudem einen konservierenden Effekt auf andere organische Materialien wie zum Beispiel Holz. Durch die geringe Gleichgewichtsfeuchte von Lehm werden Holz und andere organische Stoffe, die von Lehm umgeben sind (je nach Tongehalt, Tonart, Temperatur und Luftfeuchtigkeit der Umgebung), entfeuchtet bzw. trocken gehalten, sodass sie nicht von Pilzen oder Insekten befallen werden. Insofern kann man von einer Art Konservierung durch Lehm sprechen.

Baulehm kam bis zum Beginn der Industrialisierung der Bauwirtschaft in vielen Bereichen zur Verwendung. Er wurde für den Massivbau, aber auch für das Ausfachen und Verputzen von Fachwerkwänden, für Decken und für Fußböden verwendet.

Baulehm ist ein an der Luft erhärtender Baustoff, er trocknet rein physikalisch durch die Verdunstung des Anmachwassers. Die Erhärtung lässt sich jedoch, solange der Lehm nicht gebrannt wird, jederzeit mit Wasser wieder rückgängig machen, sodass der Lehm neben all seinen positiven auch einige ungünstige Eigenschaften aufweist. Vor allem neigt er stark zur Absorption von Wasser und muss besonders vor Fließ- und Spritzwasser geschützt werden, damit keine Schäden durch Auswaschung entstehen.

Lehm als Baumaterial im Außenbereich bedarf somit in wetterexponierten Bereichen immer eines Schutzes. Um die besonderen Belastungen durch die Bewitterung zu minimieren, wurde oft ein Putzmörtel aufgebracht. Derart vor Wind und Wetter geschützte historische Lehmoberflächen sind mancherorts noch heute intakt.

In der »Hausväterliteratur«, den historischen Ratgebern, die im deutschen Sprachraum vom 16. bis zum 18. Jahrhundert für Besitzer von Landgütern die Haushaltsführung und Fragen rund um die Landwirtschaft inklusive Viehzucht, Forstwirtschaft, Jagd und Imkerei behandelten, ist über Lehm Folgendes zu lesen: *»Doch muß der äußere Bewurf allemal mit gutem Kalchmörtel seyn. Denn der Lehm hat nimmermehr eine so bindende Kraft, als der Kalch, und wenn er auch von der besten Art wäre. Im Trocknen hält der sich wohl leidlich, sonderlich wenn er mit gehacktem Stroh, Kaff, oder Sprens, Flachsschäben, oder Haaren vermischt wird, die ihm mehr Zusammenhang geben«*[29].

3.4.4 Baulehmsorten

Am häufigsten findet Baulehm als sogenannter Strohlehm Anwendung (Bild 10). Dem vorbereiteten Lehm werden zusätzlich Stroh als Häcksel, Halme oder Spreu oder auch Sägespäne zugesetzt. Dadurch wird die Dichte des Materials verringert, es trocknet langsamer und besitzt im ausgetrockneten Zustand bessere wärmedämmende Eigenschaften. Zudem wirken die pflanzlichen Fasern als Armierung.

Strohlehm wurde sehr vielseitig verwendet, zum Beispiel zur Herstellung von sogenannten Lehmwickelstaken (regional auch Wellerlehm, Wellerholz oder Wellerpuppen genannt) als Füllung der Balkenzwischenräume an Decken, wie in Kapitel 11.1.1 noch beschrieben wird.

29 Germertshausen 1785, S. 82

Bild 10 Strohlehm

Bild 11 Neuausfachung mit Stakengeflecht und Strohlehm an einem Torhaus der Ortsumfriedung in Gemmrigheim zwischen Heilbronn und Stuttgart (Ende 15. Jahrhundert)

Ganz ähnlich verfuhr man auch bei der Füllung von Gefachen im Fachwerkbau. Dort umwickelte man Staken mit Langstroh oder brachte Strohlehm auf ein Knüppel- oder Weidenrutengeflecht auf, anschließend wurden die Flächen mit Lehm verstrichen (Bild 11). Man konnte sie nun so belassen oder mit einem Kalkmörtel oder einer Tünche zusätzlich überziehen.

Vor allem in mittelalterlichen Wohnbauten trifft man gelegentlich noch auf sogenannte Lehmschüttungen, die über Decken oder unter Böden auf einem Blindboden aufgebracht worden sind (Bild 12). Der Baulehm wurde hier als trockene Lehmschüttung oder feuchter Lehmschlag als Schallschutz, Wärmedämmung und vor allem als Brandschutz von Balkendecken eingesetzt. Brandspuren auf der Bohlenbalkendecke in Bild 13 weisen darauf hin, wie ein solcher mittelalterlicher Lehmschlag auf der Decke mit Ziegeln unter anderem verhindert hat, dass sich der Brand im Haus weiter ausbreiten konnte.

Bild 12 Lehmschlag zwischen den Deckenbalken in einem Landschloss aus dem 19. Jahrhundert

Bild 13 Mittelalterliche Bohlenbalkendecke (1425 d) nach einem Brandfall.

Heute werden auch Baulehme verarbeitet, denen mineralische Leichtzuschläge wie Blähton und Blähschiefer unter anderem als Zuschlagstoffe beigegeben werden, man spricht dann von einem Leichtlehm.

Eine weitere Möglichkeit, den Baulehm zu verwenden, ist die Verarbeitung als Stampflehm für die Herstellung von Massivbauten, auf Französisch auch *pisé* genannt. Dabei wird der Lehm feinkrümelig und erdfeucht in stabile Schalungen eingebracht und anschließend durch Stampfen verdichtet, sodass lagenweise ein Wandaufbau entsteht.

Auf gleiche Weise ist auch die Herstellung von Böden möglich. Solche Böden sind heute bisweilen noch in alten Gewölbekellern oder im Erdgeschoss in Küchen oder auch in Ställen zu finden.

Neben der unmittelbaren Verwendung von Lehm am Bau wurden daraus auch Baumaterialien wie Lehmsteine (Lehmpatzen), einer Vorstufe der gebrannten Mauerziegel bzw. Backsteine, hergestellt. Diese einfachen Lehmsteine stellte man zuerst im Handstrichverfahren, später im Pressverfahren her. Der vorbereitete Lehm wird beim Handstrichverfahren von Hand in Holz- oder Lehmformen eingeschlagen und eingedrückt, anschließend kopfüber wieder aus der Form geschlagen und über mehrere Tage getrocknet.

Eine Weiterentwicklung ist das industrielle Strangpressverfahren, bei dem der Lehm durch eine Presse gedrückt wird, die das Material stark verdichtet. Durch das Abschneiden des erzeugten Endlosstrangs vor dem Trocknen entstehen Lehmsteine in definierten Formaten. Heute sind Lehmvollsteine Vorprodukte bzw. ungebrannte Steine der Ziegelindustrie und werden umgangssprachlich auch als Grünlinge bezeichnet.

3.5 Zement

Der Begriff Zement geht auf das römische *Opus caementitium* zurück, mit dem ursprünglich das römische Gussmauerwerk bzw. die Mauerspeise zwischen den Mauerschalen bezeichnet wurde.

Unter Zement verstand man bis ins 19. Jahrhundert nur die latent hydraulischen Zusatzstoffe, die einem Kalkmörtel zugesetzt werden mussten, damit dieser unter Wasser erhärtete. »*Cement, heißt überhaupt die von Kalk und Sand eingemengte und zum Vermauern fertige Materie, die zur Verbindung der Steine zu einer Mauer gebraucht wird. Vorzüglich aber wird unter dieser Benennung eine Art Mörtel verstanden, der auch Trasse heißt, den man im Wasserland und an feuchten Orten braucht.*«[30]

Die Bedeutung des Tongehalts für die hydraulischen Eigenschaften entdeckte als Erster der Engländer John Smeaton (1724–1792), der einen brauchbaren Wassermörtel für den Bau eines Leuchtturms vor Plymouth suchte. Smeaton erkannte, dass diejenigen Kalksorten, die nach dem Brennen einen im Wasser erhärtenden Mörtel lieferten, bei Zerkleinerung und Auflösung des Pulvers mit Säure einen unlöslichen Rückstand aus Ton und Sand aufwiesen.[31]

30 Stieglitz 1792, S. 468
31 Stark & Wicht 2013, S. 61

3.5.1 Romanzement

James Parker ließ sich im Jahr 1796 ein hydraulisch erhärtendes Produkt aus tonhaltigem Kalkmergel bzw. Mergelkalkstein (40 bis 45 % Tonerde und Quarz, 55 bis 60 % Kalkstein) patentieren, das er »Parker's Cement« nannte. Das Patent mit der Nummer 2120 trug die Bezeichnung *»A certain cement or terras to be used in aquatic and other buildings and stucco work"*, also »Ein bestimmter Zement oder Terras zur Verwendung in aquatischen und anderen Gebäuden und Stuckarbeiten«. Mit dem Ablauf von Parkers Patent 1801 wurde das Produkt in Anlehnung an das *Opus caementitium* der Römer in »Roman-Cement« umbenannt, der nun technisch in Schachtöfen bei einer Brenntemperatur unter der Sintergrenze, also maximal bis 1200 °C, hergestellt werden konnte. Der gebrannte Kalkstein bzw. der daraus entstandene Klinker reagiert nicht mehr beim Ablöschen und muss deshalb fein gemahlen werden. Das gemahlene Pulver erhärtet angemengt mit Wasser selbstständig (ohne Anreger) in sehr kurzer Zeit.

Bei dem verwendeten Kalkstein ist nicht der gesamte Ton an den Kalk gebunden, sodass sich Dicalciumsilikat (Belit $2CaO\ SiO_2$ / Kurzformel: C_2S) sowie Tricalciumaluminat ($3CaO\ Al_2O_3$ / Kurzformel: C_3A) bilden, die für das schnelle Abbindevermögen verantwortlich sind. Romanzement bzw. Romankalk oder Naturzement ist im Grunde ein natürlicher hochhydraulischer Kalk. Meist besitzt der Romanzement eine rötlich-braune Farbe und weist deutlich höhere Festigkeitskennwerte auf als ein hydraulischer Kalkmörtel. Früher wurden Romanzementklinker sehr grob gemahlen und ohne Zuschläge verarbeitet, sodass die entstandene grobe Körnung gleichzeitig als Stützkorn im Gefüge diente.[32]

Bereits 1829 wurde auch in Deutschland mit der Produktion von Romanzement in Würzburg begonnen[33] und 1838 wurden Brennversuche von dem württembergischen Apotheker Gustav Ernst Leube vorgenommen, was 1847 auch dazu führte, dass Eduard Schwenk in Gerhausen und später in Allmendingen die Produktion von Romanzement aufnahm.

Romanzement wurde für die Herstellung von Mörteln für Brücken, Tunnel, Eisenbahn- und Festungsbauten, aber auch für die Fabrikation von Gusselementen, wie Platten, Röhren, Zisternen, Figuren, Außengesimsen etc., eingesetzt. Auch für Putzfassaden fand Romanzement breite Anwendung. Wenn man ihn dafür auf-

32 Köberle 2012, S. 237–241
33 Köberle 2013, S. 96

grund seiner Körnigkeit jedoch ohne weitere Zuschlagstoffe einsetzte, entstanden oft netzartige Risse, die optisch unschön ins Auge fielen.[34]

Durch das Aufkommen des Portlandzements in den 1870er-Jahren wird der Romanzement weitestgehend verdrängt. Heute existiert für das Produkt nur noch eine Nische, die von einem Hersteller in Grenoble in Frankreich bedient wird.

3.5.2 Portlandzement

Zemente werden heute in der Restaurierung zum Teil als Material eingestuft, das am historischen Bau nichts zu suchen habe. Dabei vergisst man allzu oft, dass das Material selbst bereits historisch ist und wir bei der Restaurierung von Bauwerken auch auf historische Zementverputze treffen. Deshalb sei hier auch etwas näher auf die geschichtliche Entwicklung eingegangen.

Die Geschichte des Portlandzements beginnt mit Joseph Aspdin (1778–1855), der 1824 ein Patent zur »Verbesserung der Herstellungsweise von künstlichem Stein«[35] anmeldete. Aspdin war bis zu seinem Tod davon überzeugt, dass das von ihm entwickelte Material zum Verputzen von Gebäudefassaden, für Gussformteile oder zur Imitation von Steinmetzarbeiten Verwendung finden würde. Aufgrund der grünlichen bis hellgrauen Farbe des Materials und der daraus hergestellten Kunststeine, die Ähnlichkeit mit dem Kalkstein der Isle of Portland hatten, aus dem neben der St. Paul's Cathedral viele weitere Bauten Londons bestehen, erhielt es den Namen *portland cement*. Aspdins Söhne William und James entwickelten das Material weiter, standen jedoch in Konkurrenz mit Isaac Charles Johnson (1811–1911), der 1844 in einem Brand unter höherer Temperatur ein stark gesintertes Material entdeckte, den Zementklinker. Das Wort Klinker kommt von »Klingen« und ist vom Ziegelbrand abgeleitet. Es bezeichnet ursprünglich Hartbrandziegel, also hoch gebrannte, versinterte Ziegel, die an einem hellen Klang zu erkennen sind, wenn sie mit einem anderen Ziegel oder einem Hammer angeschlagen werden.

Portlandzement wird durch das Brennen einer Mischung aus gemahlenen Kalksteinen (Kreide) und Ton oberhalb der Sintergrenze von circa 1450 °C hergestellt. Bei der hohen Temperatur schmelzen die Tonmineralien und reagieren mit dem beim Brennvorgang entstehenden Calciumoxid. Es bilden sich die sogenannten Klinkermineralien Belit ($2CaO \cdot SiO_2$ / Kurzformel: C2S), das Tricalciumsilikat Alit

34 Köberle 2012, S. 237–241

35 British Patent BP 5022 »An Improvement in the Mode of Producing an Artificial Stone«

($3CaO \cdot SiO_2$ / Kurzformel: C3S), Tricalciumaluminat ($3CaO \cdot Al_2O_3$ / Kurzformel: C3A) und Tetracalciumaluminatferrit ($2CaO \cdot (Al_2O_3,Fe_2O_3)$ / Kurzformel C2(AF). Alit ist der Hauptbestandteil des Portlandzements. Es ist die reaktivste Phase im Portlandzement und bewirkt im Vergleich zum Romanzement eine höhere Früh- und Endfestigkeit.[36] Nach dem Abkühlen wird das entstandene grobkörnige Klinkergranulat unter Zugabe einer geringen Menge von Calciumsulfat (Gips und / oder Anhydrit) zu Zement gemahlen. Der Gipszusatz ist notwendig, um das Erstarren des Zements nach dem Anmengen mit Wasser zu regulieren. Die Erhärtung des Zementleims beruht auf der Bildung von Calciumsilicathydraten (CSH). Der erhärtete Portlandzement hat eine graue Farbe, die, wie gesagt, an das englische Portlandgestein erinnert, nach dem das Material benannt wurde. Portlandzement wurde außer zur Beton- und Mauermörtelherstellung auch für Putz- und Stuckarbeiten verwendet, wie zum Beispiel in Bild 14 und Bild 15.

Bild 14 Ehemaliges Pfarrhaus in Lauffen am Neckar: Die Nordseite geht auf eine ehemalige Kirchhofbefestigung bzw. auf eine frühmittelalterliche Burgbefestigung zurück.

Bild 15 Fragment des Außenputzes (aus Bild 14) mit mehreren Putzschichten, davon eine dicke Schicht grauen Portlandzements mit sehr großen Zuschlagskörnern

In Deutschland wurde im Jahr 1855 von Hermann Bleibtreu (1821–1881) in Züllchow die erste größere Anlage zur Zementherstellung in Betrieb genommen, die

36 Kraus 2012, S. 8

»Stettiner Portland Cement Fabrik«, unter Verwendung von Septarienton von den Ufern der Oder und der Züllchow Wolliner Kreide.

Wilhelm Gustav Dyckerhoff (1805–1894) gründete 1864 in Mainz-Amöneburg mit seinem Sohn Rudolf die Portland-Cementfabrik Dyckerhoff & Söhne und wurde 1877 Gründungsmitglied des Vereins deutscher Portland-Cement-Fabrikanten. Der Verein, zu dem sich 23 Zementwerke zusammenschlossen, setzte sich für die Beschreibung, Festlegung und Prüfung von Mindestanforderungen an die Produkteigenschaften und Sicherung der Qualität ein.

Die Verwendung weiterer Bestandteile führte zu neuen Zementsorten, wie zum Beispiel Tonerdezement, dessen Klinker aus Bauxit (Aluminium-Erz) und Kalkstein durch Schmelzen oder Sintern hergestellt werden. Die Hauptphasen sind Monocalciumaluminat ($CaO\ Al_2O_3$ / Kurzformel: CA), Brownmillerit ($4CaO\ Al_2O_3\ Fe_2O_3$ / Kurzformel: C4AF), Mayenit ($12CaO \cdot 7Al_2O_3$ / Kurzformel: C12A7) und Gehlenit ($Ca_2Al_2SiO_7$ / Kurzformel: C2AS); das Erstarren bzw. Erhärten beruht auf der Bildung von Calciumaluminathydraten.

3.5.3 Weitere Zemente

Werden die Rohmaterialien so stark erhitzt, dass sie den Ofen in glühendflüssigem Zustand verlassen, bezeichnet man sie als Hüttenzemente. Hüttenzemente bilden den Übergang von gesinterten zu den geschmolzenen Produkten. Sie bestehen aus Portlandzementklinker und Hochofenschlacke, die bei der Gewinnung von Roheisen im Hochofen entsteht. Die Hochofenschlacke besteht aus einer Calciumalumosilikatschmelze mit verschiedenen Gehalten an Magnesium. Die Hüttenzemente gliedern sich nach der angewendeten Schlackenmenge in Eisenportlandzemente (70 % Portlandzementklinker und 30 % gekörnte Hochofenschlacke) und Hochofenzemente (15 bis 30 % Portlandzementklinker und 85 bis 70 % Hochofenschlacke). 1927 wurde die Wirkung der Hochofenschlacke folgendermaßen beschrieben: »*Beim Anmachen des Mischproduktes mit Wasser findet neben der Erhärtung des Portlandzementanteils eine Wechselwirkung zwischen dem freien Kalk und der Hochofenschlacke statt, durch welche nun auch die Hochofenschlacke zu erhärten beginnt. [...] Eine innere Dichtung des Gefüges findet durch Quellung (Abscheiden von Kieselsäure) und Kalkbindung statt. [...] Die Hüttenzemente sind widerstandsfähiger gegen Sulfatwirkung [...] als die Portlandzemente.*«[37]

37 Grün 1927, S. 55

Neben diesen Zementsorten kamen noch verschiedenste Misch- und Sonderzemente auf mit Zusätzen natürlicher und künstlicher Puzzolane, Braun- oder Steinkohlenfilterasche etc. auf den Markt.

Neben den heute bekannten Zementarten gibt es eine ganze Reihe historischer Experimente. Zum Teil sind diese Zemente heute ganz verschwunden oder führen ein Nischendasein. Sie tauchen aber gelegentlich doch als vermeintlich unbekanntes Material in einem Gebäude auf. Es sei daher beispielhaft auch auf zwei Exoten hingewiesen, die einen kleinen Einblick in die große Materialvielfalt gestatten, die sich im 19. Jahrhundert entwickelte und uns heute in der Restaurierung begegnen kann.

Einen Zement auf Magnesiumbasis erfand um 1850/60 der französische Ingenieur Louis-Amédée-Stanislas Sorel. Der nach ihm benannte Sorelzement (Magnesiazement) aus gebranntem amorphem Magnesit (Säure), das mittels Chlormagnesiumlösung (Base) zu Mörtel angemacht zu Magnesiumoxychlorid reagiert, hat eine ausgesprochen hohe Kittkraft, erreicht in kurzer Zeit sehr hohe Festigkeit und ist besonders schwindarm. Bis heute werden Magnesiazemente für Industriefußböden und im Trockenbau eingesetzt. Sorelzement besitzt allerdings keine hydraulischen Eigenschaften und ist wenig wasserbeständig. Diesbezüglich noch ungünstiger war der gleichfalls von Sorel stammende Zinkzement[38] (*Cement metallique*), eine Mischung von Zinkoxyd mit Zinkchlorid, der heute in der Weiterentwicklung zum Zinkphosphorzement in der Zahnmedizin verwendet wird.

Die Zementsorten werden heute in der DIN EN 197-1 in fünf Hauptzementarten unterteilt: Portlandzement CEM I, Portlandkompositzemente CEM II, Hochofenzement CEM III, Puzzolanzement CEM IV und Kompositzement CEM V.

38 Daub 1905, S. 128

4 Zuschlagstoffe

Im einfachsten Fall werden Bindemittel mit Wasser und Sand zu Mörtel angerührt. Es gibt jedoch eine ganze Reihe weiterer Zuschlagstoffe für die Mörtelherstellung.

Unter dem Begriff Zuschlagstoffe werden Zuschläge, Zusatzstoffe und Zusatzmittel zusammengefasst. Diese Stoffe können künstlich hergestellt oder natürlichen Ursprungs sein. Sie beeinflussen maßgeblich die mechanischen und physikalischen Kennwerte sowie die chemische Zusammensetzung und das Erscheinungsbild des Mörtels nach dem Erhärten.

Unter Zuschlag versteht man anorganische nicht reaktive Beigaben zum Bindemittel, meist Sande oder Gesteinskörner, die eine Verarbeitung des Bindemittels zum Mörtel erst ermöglichen und sinnvoll machen.

Zusatzstoffe sind organische oder anorganische Beigaben in Form von Gesteinsmehl, Pulver oder Fasern, die selbst keine eigene Bindekraft haben, durch ihre Reaktivität oder physikalischen Eigenschaften jedoch Einfluss auf die Eigenschaften des erhärteten Mörtels haben können.

Als Zusatzmittel werden Stoffe bezeichnet, die dem Frischmörtel in volumenmäßig vernachlässigbarer Menge in flüssiger Form oder als Pulver beigegeben werden und Einfluss auf die Frisch- sowie auf die Festmörteleigenschaften nehmen.

4.1 Zuschlag

Zum Mauern und für die Herstellung von Mörtel für Putz und Stuck müssen den Bindemitteln Lehm, Kalk und Zement Zuschläge beigemischt werden. Anderenfalls entsteht beim Erhärten ein von Rissen durchzogenes Gefüge. Zuschläge wie Sande kompensieren den natürlichen Schwund und bewirken, dass der erhärtete Mörtel gesteinsähnliche Eigenschaften hinsichtlich der Porosität, Dichte und Beständigkeit erreichen kann. Der Zuschlag ist daher der wichtigste Bestandteil eines Mörtels.

Natürliche Zuschläge entstanden durch Verwitterung von Gestein, das in Flüssen oder in den Moränen von Gletschern transportiert und schließlich abgelagert wurde. Je nach Art des Ausgangsgesteins und Entstehungsprozess weisen diese Zuschläge sehr unterschiedliche mineralische Zusammensetzungen (z. B. silikatisch, carbonatisch), Kornformen (rund bis splittrig) und Korngrößenfraktionen auf.

Gesteinsmaterial, das von Gewässern mitgeführt und mit der Zeit immer mehr zerkleinert wurde, lagerte sich je nach Fließgeschwindigkeit in unterschiedlichen Korngrößen als Ton, Schluff, Sand oder Kies ab. Diese Korngrößen werden heute technisch nach DIN EN ISO 146 881 klassifiziert (Tabelle 2).

Benennung (Kurzzeichen)	Korngröße (in mm)	Aussehen
Kies (Gr)	> 2 bis 63	< Hühnereier > Streichholzköpfe
Grobkies (CGr)	> 20 bis 63	< Hühnereier > Haselnüsse
Mittelkies (MGr)	> 6,3 bis 20	< Haselnüsse > Erbsen
Feinkies (FGr)	> 2 bis 6,3	< Erbsen > Streichholzköpfe
Sand (Sa)	> 0,063 bis 2	< Streichholzköpfe, Einzelkorn noch erkennbar
Grobsand (CSa)	> 0,63 bis 2	< Streichholzköpfe > Grieß
Mittelsand (MSa)	> 0,2 bis 0,63	etwa Grieß
Feinsand (FSa)	> 0,063 bis 0,2	< Grieß, Einzelkorn noch erkennbar

Schluff (Si)	> 0,002 bis 0,063	Einzelkörner mit bloßem Auge nicht mehr erkennbar.
Grobschluff (CSi)	> 0,02 bis 0,063	
Mittelschluff (MSi)	> 0,0063 bis 0,02	
Feinschluff (FSi)	> 0,002 bis 0,0063	
Ton (Cl)	≤ 0,002	

Tabelle 2 Korngrößeneinteilung nach DIN EN ISO 14688-1

Eine weitere Variante des natürlichen Zuschlags bildet künstlich zerkleinertes Gesteinsmaterial, das dann eher scharfkantige Körner aufweist. Die gebrochenen Zuschläge werden je nach Korngröße als Bruch- und Brechsand (auch Quetschsand), Splitt oder Schotter bezeichnet (Tabelle 3). Zur Mörtelherstellung war es oftmals gebräuchlich, angefallenen Schutt aus der Steinbearbeitung oder zerkleinertes Baumaterial sowie bereits erhärteten Kalk oder Gips als Zuschlag in einer Form des Recyclings wiederzuverwenden. Belege dafür wurden bei Dünnschliffuntersuchungen an mittelalterlichen Mörteln gefunden.[39]

Korngröße	Bezeichnung
< 0,063 mm	Gesteinsmehl
0,063 bis 5,0 mm	Brechsand
2,0 bis 32,0 mm	Splitt
32,0 bis 63,0 mm	Schotter

Tabelle 3 Klassifizierung gebrochener Zuschläge

Die Eignung von natürlichen Zuschlägen für die Mörtelherstellung ist unterschiedlich. Reiner Meersand ist wegen seines Salzgehalts für Mörtel unbrauchbar. Während Flusssand bereits gewaschen ist und keine abschlämmbaren Feinbestandteile besitzt, enthält Grubensand (auch Grabsand) häufig noch einen großen Anteil von feinsten Ton- und Humusstoffen, die unter Umständen Schäden im erhärteten Mörtel verursachen können.

In einer Quelle von 1531 wird bereits eine einfache Prüfung für die Tauglichkeit eines Sandes beschrieben, der für einen Putzmörtel verwendet werden soll. »*Wenn dieser in der Hand gerieben knirscht und auf ein weißes Tuch geschüttet und wieder*

39 Peccioni, Fratini & Cantisani 2020, S.64

abgeschüttelt, dies nicht beschmutzt, noch Erde darauf hinterlässt« ist er offenbar tauglich.[40]

Während Ton und Schluff für Lehmmörtel von Bedeutung sind, bilden Sand und Kies wichtige Zuschlagsstoffe bei der Herstellung von Lehm-, Kalk und auch Gipsmörteln bzw. Mischungen daraus.

Die Herstellung eines guten Mörtels erforderte schon zu allen Zeiten ein hohes Wissen und vor allem Erfahrung. Für einen brauchbaren Mörtel spielen neben den Kornformen und den verwendeten Korngrößen auch Parameter wie die Verteilung (Vermischung) und die jeweiligen Kornanteile (Fraktionen) im Bezug zum Bindemittel (Bindemittel-Zuschlag-Verhältnis) eine wichtige Rolle. Die Zuschlagskörner müssen im fertigen Mörtel vom Bindemittel umschlossen und fest miteinander verkittet sein. Sehr feinkörnige Zuschläge und solche aus Körnern mit nahezu einheitlichen Durchmessern benötigen dafür deutlich mehr Bindemittel als gröbere Sande mit abgestuften Korngrößenfraktionen, was sich dann in der Festigkeit des erhärteten Mörtels widerspiegelt. Der Zuschlag ist somit ausschlaggebend für die Ausbildung der Porenstruktur im erhärteten Mörtel und damit für die Festigkeit des Materials.

Bei der Untersuchung historischer Mörtel werden die Zuschlagsarten und auch deren Korngrößenverteilungen untersucht und verglichen. Dazu trennt man Bindemittel und Zuschlagskörner. Die prozentualen Anteile jeder Kornfraktion werden grafisch als Summenkurven über den Korndurchmessern dargestellt und sind so als Sieblinie vergleichbar.

Oft lassen sich durch diese Sieblinien Bezüge zu verwendeten Zuschlägen in der Umgebung eines Bauwerks herstellen. Interessant ist, dass die Zuschläge von Mörteln einer Region, auch wenn sie zu unterschiedlichen Zeiten produziert wurden, oftmals ganz ähnliche Sieblinien aufweisen. Offenbar wurde über einen sehr langen Zeitraum immer derselbe Fluss- oder Grubensand verwendet. Bis heute zeugen Flur- oder Wegbezeichnungen, wie auch bei Kalkgruben, von den Standorten solcher Sandabbaustellen.

Die große Vielfalt an Zuschlägen lässt eine ungeahnt große Variationsbreite an Mörtelzusammensetzungen zu. Hinzu kommt, dass die Bindemittel Kalk, Gips oder Lehm durch ihre unterschiedlichen Eigenschaften diese Variantenvielfalt

40 Crescentiis 1531, Buch VII, S. 18

zusätzlich bereicherten. Dieser Tatsache ist bei der Betrachtung und Beurteilung von historischen Mörteln daher unbedingt Rechnung zu tragen.[41]

4.2 Reaktive Zusatzstoffe

Bereits zu römischer Zeit war bekannt, dass sich die Erhärtung und die Festmörteleigenschaften von Kalkmörtel durch Zugabe bestimmter natürlicher und künstlicher Zusatzstoffe (in der historischen Literatur auch »Kitterde« genannt) beeinflussen ließen. Mörtel mit Weißkalk als Bindemittel (Luftkalkmörtel) benötigen normalerweise das Kohlendioxid aus der Umgebungsluft zur Erhärtung. Die Zusatzstoffe veränderten den Luftkalkmörtel so, dass dieser auch unter Wasser erhärten konnte. Sie bewirkten eine chemische Reaktion mit dem Calciumhydroxid des Bindemittels und dem Wasser, die als Hydratation bezeichnet wird.

Derartige Zusatzstoffe werden umgangssprachlich als »latent hydraulische Bindemittel« bezeichnet, da ihre Eigenschaften nur latent, also verborgen sind. Sie enthalten in der Regel amorphe Kieselsäure, die durch einen Anreger mit hoher Alkalität aktiviert werden muss (z.B. durch Kalkhydrat), damit eine chemische Reaktion und anschließend die Erhärtung des Bindemittels stattfinden kann. Diese Reaktion verläuft sehr langsam, weshalb der verarbeitete Mörtel auch über einen längeren Zeitraum feucht gehalten werden muss.

4.2.1 Natürliche Puzzolane

Zu den latent hydraulischen Bindemitteln gehören die Puzzolane, benannt nach dem Fundort Pozzuoli, einer Stadt in der italienischen Region Kampanien. Sie umfassen eine Materialgruppe von Eruptivgesteinen, Vulkanaschen bzw. vulkanischen Tuffgesteinen und Tonerden.

Der hydraulisch wirksame Bestandteil aller Puzzolane ist reaktionsfähiges Siliciumdioxid (SiO_2), das neben Aluminiumoxid (Al_2O_3-Tonerde), Eisenoxid (Fe_2O_3) und weiteren Alkalien im Glasanteil vorliegt. Puzzolane enthalten selbst nur wenig Calciumoxid (CaO) und können deshalb nur in Verbindung mit gelöstem Calciumhydroxid ($Ca(OH)_2$) reagieren. Das Calciumhydroxid reagiert mit der Kieselsäure und dem Wasser (Hydratation) unter Bildung von Calciumsilikathydraten (CSH-

41 Marinowitz 2008, S. 74

Phasen), die dann eine hydraulische Erhärtung bewirken. Die carbonatische und hydraulische Erhärtung läuft dabei nicht getrennt ab, sondern ist ein wechselseitiger chemischer Vorgang zwischen dem basischen Kalkhydrat und den sauren, als Hydraulefaktoren bezeichneten Bestandteilen.[42]

Auch in Deutschland wurde sehr früh aus Tuffstein, den vulkanischen Auswurfmassen der Laacher-See-Vulkane in der Eifel, ein puzzolaner bzw. latent hydraulischer Zusatzstoff gewonnen. Das Tuffgestein wurde dafür sehr fein gemahlen. Das Endprodukt wird bis heute noch als Trass bezeichnet. Der sogenannte Rheinische Trass wurde bereits im 17. Jahrhundert durch die Niederländer in Mühlen vermahlen und für die Erstellung von Hafen- und Festungsbauwerken eingesetzt.

Neben dem Rheinischen Trass, der vulkanischen Ursprungs ist, gibt es in Deutschland ein weiteres Trassvorkommen im Nördlinger Ries, das durch den Einschlag eines Meteoriten entstanden ist. Das nur dort vorkommende Suevitgestein wurde bereits Ende des 18. Jahrhunderts zu Ries-Trass oder Bayerischem Trass gemahlen.

Etwas ungünstig ist der hohe Alkaligehalt (Na_2O und K_2O) mancher Trasse, da er in Mauerwerk die Entstehung bauschädlicher Salze begünstigen kann (Tabelle 4).

Reaktive Bestandteile	Anteil in Masse-%	
	Rheinischer Trass[a]	Bayrischer Trass[b]
Kieselsäure SiO_2	49 bis 59	55 bis 67
Tonerde Al_2O_3	10 bis 19	13 bis 16
Eisenoxid Fe_2O_3	4 bis 12	4 bis 12 (4 bis 5)
Kalk CaO	1 bis 8	1 bis 8
Magnesia MgO	1 bis 7	2 bis 3
Alkalien (Na_2O und K_2O)	3 bis 10	1 bis 2

a Kiepenheuer 1907, S. 124
b Engelhardt, Arndt, Fecker & Panka 1995, S. 279–293

Tabelle 4 Chemische Charakteristik von Rheinischem Trass und Bayrischem Trass (Suevit)

42 Schönburg 2010, S. 140

4.2.2 Künstliche Puzzolane

Neben den natürlichen Pozzolanen, die in der Vergangenheit nur regional beschränkt genutzt werden konnten, wurden in Mörteln auch künstliche Puzzolane eingesetzt. Diese Stoffe findet man in gebrannten Ziegeln, da beim Brennen des Tons ab einer Temperatur von 500 bis 700 °C amorphes Siliciumdioxid entsteht, das als »leichter« Hydraulefaktor wirksam ist.[43]

Künstlich hergestellte Puzzolane fanden sich im Mörtel jedoch fast ausschließlich dort, wo es auch Ziegelhütten gab und das Material als Abfall in Form von Ziegelbruch anfiel. Es wurde dann ähnlich wie das wiederverwendete Baumaterial dem Mörtel entweder als Ziegelmehl oder Ziegelsplitt zugesetzt (Bild 16 und Bild 17).

Bild 16 Rötlicher Reparaturmörtel mit Ziegelmehl und -splitt (oberhalb der eingezeichneten Linie); Fassade Ritterhaus, Bubikon (Foto: Beat Waldispühl, Dagmersellen)

Bild 17 Mittelalterlicher Putzmörtel mit Zuschlag von Ziegelsplitt, Vaihingen a.d. Enz

43 Krenkler 1980, S. 136

Neben diesen Stoffen wurden Mörteln gelegentlich auch Materialien zugesetzt, die man auf den ersten Blick nicht erwarten würde. Dazu gehörten: »*Feilspähne von Eisen, Schmiedehammerschlag, klein gestoßene Eisenschlacken, besonders die großen weißen und schwammigen Schlacken, zerstoßene Glasscherben und Steinkohlen [...]*«.[44]

In Bergbaugegenden war es durchaus üblich, die anfallenden Schlacken aus der Verhüttung im Mörtel mit zu verwenden. Damit durch die genannten Zuschlagstoffe wie Glas bzw. Silikate und Eisenoxide jedoch eine hydraulische Reaktion eintrat, mussten diese erst sehr fein gemahlen sein. Schlacken und Schlackensande sind Abfallprodukte der Eisenverhüttung. Das Wort »Schlacke« ist vom »Schlagen« bzw. der Abtrennung der Schlacke vom Metall abgeleitet. Mit den »*großen weißen und schwammigen Schlacken*« sind nichtmetallische Rückstände gemeint, die aus Schmelz-, Gieß- und Verbrennungsprozessen hervorgehen. Sie bestehen meist aus einer (künstlichen) Gesteinsschmelze.

Durch Beigabe dieser Zusatzstoffe wollte man bestimmte Eigenschaften verbessern, zum Beispiel eine höhere Festigkeit oder eine längere Haltbarkeit erreichen. »*[...] so kann man wolgebrente Ziegelstein verstossen / den Staub darvon röden / und allein das gekörnte / oder zimblich grob hinderlassene / an statt des sands unter den Kalch gebrauchen. [...] Etliche nemmen auch ferusa, oder Eisenschaum / unnd mengens unter den Mertel.*«[45]

4.3 Sonstige Zusatzstoffe

Auch mit organischen Zusatzstoffen lassen sich Mörteleigenschaften und -aussehen verändern. Einige werden zugegeben, um die Verarbeitbarkeit des frischen Mörtels zu verbessern, andere beeinflussen auch die Mörtelerhärtung und die Festmörteleigenschaften und seine Haftung auf dem Untergrund. Besonders interessant sind in dieser Hinsicht die faserförmigen Zusatzstoffe, denn sie haben Auswirkungen auf die mechanischen Eigenschaften der erhärteten Putzmörtelschicht, indem sie dem Mörtel eine gewisse Zugfestigkeit verleihen, die bei rein mineralischen Mörteln sehr gering ist. Auch die optische Beschaffenheit sowie das farbige Erscheinungsbild von Putz und Stuck können mit ihrer Hilfe eingestellt werden. Es ist jedoch anzunehmen, dass organische Zusatzstoffe in der Vergangenheit nicht immer mit einer konkreten Absicht verwendet wurden. Möglicherweise handelt es sich bei einigen kuriosen Zutaten, die im Zuge von Mörteluntersuchungen entdeckt

44 Stieglitz 1796, S. 14
45 Furttenbach 1628, S. 12

werden, um historisches Recycling oder Resteverwertung von Materialien, die anderweitig nicht mehr zu gebrauchen waren (siehe auch Kapitel 4.3 und Kapitel 4.4).

4.3.1 Holzkohle

Oft erkennt man Anteile von Holzkohle oder Holzkohlestückchen im Mauer- und Putzmörtel. Holzkohle könnte im Zuge der Herstellung des Bindemittels als Verunreinigung eingetragen worden sein (Bild 18). Eine Zugabe von Holzkohle erzielt zwar eine höhere Verformbarkeit, eine größere Porosität und eine andere Farbigkeit des erhärteten Mörtels, jedoch kommt es zu keiner hydraulischen Wirkung.[46] Der Fugenmörtel im Chor des Berner Münsters aus der Zeit um 1425 wurde zum Beispiel durch die Zugabe von sehr fein vermahlener Holzkohle im Farbton dem Sandstein der Wände angepasst. Bild 19 zeigt ein Zangenloch mit einer Mörtelkittung, die mit feinem Holzkohlemehl eingefärbt ist. Der Mörtel ließ sich im Ganzen herausnehmen und untersuchen (Bild 20). Anschließend wurde er wieder im Zangenloch platziert.

Bild 18 Mittelalterlicher Mauermörtel – Bohrkernprobe; Holzkohlestückchen und Ziegelsplitt

46 Degenkolb & Knöfel 1998, S. 237–245

Bild 19 Zangenlochloch mit grau gefärbter Mörtelkittung von 1425 an einer Wandfläche im Berner Münster

Bild 20 Zangenloch im geöffneten Zustand

4.3.2 Pflanzenfasern

Ein sehr interessanter und wohl oft übersehener Zusatzstoff in Mörteln sind Pflanzenfasern. So finden sich bereits in einem Putzmörtel aus der Zeit um 1300 in der Kommende Hohenrain bei Luzern feinste Teile von fein gehacktem Hanf, dessen Verwendung bis ins 17. Jahrhundert nachzuweisen ist (Bild 21). Der Putzmörtel, in dem Hanffasern als Beigabe durch eine lichtmikroskopische Untersuchung eindeutig identifiziert werden konnten (Bild 22), dient als Trägerputz für eine Wandmalerei. Der Putzmörtel selbst ist zweilagig aufgebracht. Auf einem sehr groben Unterputz (Körnung bis 10 mm) wurde ein etwas feinerer Oberputz (Körnung bis 5 mm) mit einem sehr hohen Bindemittelanteil im Verhältnis 1:1 aufgetragen. Dieser Putzmörtel war also ausgesprochen »fett«, was die Beigabe des feinen Hanfschnitts notwendig machte.[47]

47 Herrera 2008

Bild 21 Wandbild »Kommende Hohenrain«: Putz aus der Zeit um 1300 mit einem Hackloch, in dem eine Hanffaser von circa 4 mm Länge zu sehen ist

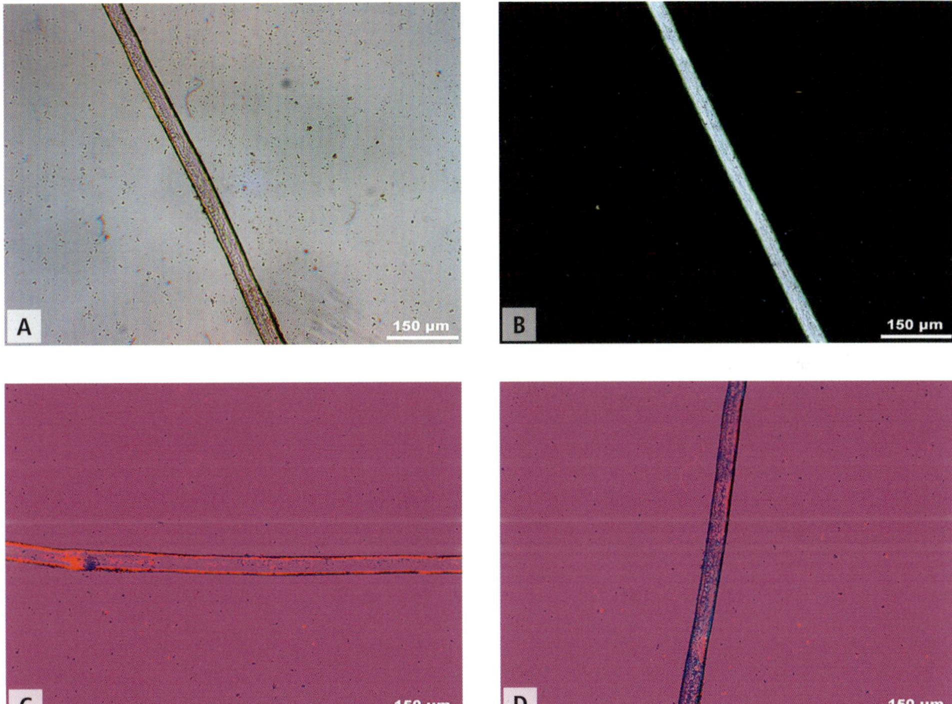

Bild 22 Mikroskopische Analyse der Hanffaser im Durchlicht:
A) lineare Polarisation;
B) gekreuzte Polarisation;
C) lineare Polarisation mit Lambda-Plättchen;
D) gekreuzte Polarisation mit Lambda-Plättchen.
Die Faser erscheint einmal rosa, einmal blau gefärbt, was ein eindeutiges Bestimmungsmerkmal von Hanf ist. (Fotos: Labor der Hochschule der Künste, Bern)

Auch in der Putzmörtelschicht von Lehmkalkstuckdecken im Schloss Höchstädt an der Donau in Bayern, die um 1615 entstanden sind, konnte die Verwendung von Pflanzenfasern in Form von Flachs nachgewiesen werden (Bild 24).

Bild 23 Fragment des Putzmörtels einer Stuckdecke des Schlosses Höchstädt a.d. Donau (um 1615): Die Fasern sind in die Putzmörtelschicht eingebettet. (Foto: Wolfgang Kenter, Frauenzimmern)

Bild 24 Zertrümmerte Putzprobe mit langen Flachsfasern

Kalkputzmörtel lässt sich naturgemäß sehr schlecht auf einen Lehmuntergrund aufbringen, da unmittelbar nach dem Auftrag eine Wasserabsorption durch den Lehmuntergrund einsetzt, was zu einem »Aufbrennen« des Kalkmörtels durch einen zu schnellen Entzug des Wassers führt.

Die positiven Eigenschaften von Naturfasern, speziell auch Hanf oder Flachs, liegen darin begründet, dass sie hydrophil sind und bereits aus dem Anmachwasser einen erheblichen Anteil Feuchtigkeit aufnehmen, diesen kurzfristig in ihren Zellen speichern und dann langsam während des Abbindeprozesses wieder an den

Kalkmörtel abgegeben können. Dadurch wurde die Verarbeitung sehr fetter Mörtel mit hohem Bindemittelgehalt und das Auftragen von Kalkmörtel auf Lehmputz technologisch stark verbessert. Heute fallen vor allem in sehr alten Kalkmörteln, wie in der Kommende Hohenrain, die feinen Hanffasern kaum auf. Daher ist auch ihre Existenz und Funktion noch wenig bekannt.

4.3.3 Tierhaar und sonstige Armierungen

Neben den schon erwähnten Pflanzenfasern finden sich vor allem ab der Barockzeit vermehrt Tierhaare in Putzschichten (z. B. Kälber-, Kuh-, Pferde- oder Kaninchenhaar und auch Filz etc., siehe Bild 25, Bild 26).

Tierische Haare sind nichts anderes als Hornfäden, deren Hauptbestandteil Keratin ist, ein wasserunlösliches Faserprotein, das nur in geringem Maße wasseraufnahmefähig ist und daher kaum oder gar nicht zur Wasserregulation beim Abbinden des Kalkmörtels beigetragen haben kann. Die Zugabe von Tierhaar geschah also aus einem anderen Grund. Möglicherweise könnte eine neue Mode zur Gestaltung von Wänden und Decken mit Putz und auch Stuck ab dem 17. Jahrhundert ausschlaggebend gewesen sein. Fachwerk- oder Holzwände wurden nun vielfach komplett überputzt. Dabei war es unerheblich, ob es sich um einen Neubau handelte, der traditionell als Fachwerkkonstruktion errichtet wurde, oder um eine Umgestaltung eines bereits bestehenden Fachwerkbaus.

Bild 25 Tierhaarbüschel im Grundputz einer Kalkstuckdecke (18. Jahrhundert)

Bild 26 Tierhaare in der dünnen Kalkputzmörtelschicht einer Lehmkalkstuckdecke (Ende 18. Jahrhundert)

Flächige Verputzungen auf Untergründen mit unterschiedlichen Verformungsverhalten, wie es sich vor allem am Fachwerk aus Holzbalken und Mauerwerk der Gefache ergibt, neigen zur Rissbildung. Durch den Zusatz von Tierhaaren zum Mörtel kann die erhärtete Putzmörtelschicht verstärkt bzw. armiert werden und so das Rissrisiko, vor allen an den Übergängen von einem Untergrund zum anderen (Holzwerk zu Gefach), deutlich verringert werden.

Eine Armierung (abgeleitet von lateinischen *armare* bzw. französisch *armement* für »ausrüsten«, durch Ein- oder Auflagen »verstärken«[48]) erstreckt sich immer auf die gesamte Fläche oder das Volumen einer Schicht und bewirkt eine Änderung der elastischen Eigenschaften. Allerdings bezieht sich dies nur auf die armierte Schicht ohne Auswirkung auf darunterliegende Schichten oder den Untergrund. Hier können weiterhin Risse oder Schäden durch Gebäudesetzungen oder Verformungen des Tragwerks auftreten.

Die Armierung einer Putzmörtelschicht erfolgte später mit wachsender Industrialisierung durch die Einarbeitung von künstlichen Fasern, zum Beispiel Glasfasern, Kunststofffasern, Asbestfasern etc. Erhärtet der Mörtel, sind die Fasern in diesen eingebettet und bilden ein verfilztes oder netzartiges Gebilde im Verbund mit dem erhärteten Putzmörtel.

Eine flächige Armierung wird aber auch durch die Einlage von Metallgittern oder Geweben erreicht. Durch gitterartige Gewebe, wie zum Beispiel Jute, mit einheitlicher Lagerung der Faserstrukturen, die in den Mörtel in einem bestimmten Bereich der Schichtung eingelegt werden, können sowohl die Schichtstärke als auch

48 Schulz, Basler, & Strauss 1996, S. 231

das Gewicht reduziert werden (Bild 27). Diese Methode wurde besonders bei der Herstellung von Trockenstuck im 19. Jahrhundert angewandt.

Bild 27 Jutegewebe

Der Vollständigkeit halber sei noch erwähnt, dass Mitte der 1970er-Jahre Glasfasergewebe, Glasgittergewebe und Glasfaser-Kunststoff-Gewebe auf den Markt kamen, die bis heute zur Armierung von Putzmörtel eingesetzt werden (Bild 28 und Bild 29). Sie werden in der Regel in das obere Drittel einer Putzmörtelschicht eingelegt, um die genannten Eigenschaften zu erreichen. Für die Restaurierung von historischen Putzen haben diese Materialien jedoch keine Bedeutung.

Bild 28 Blaues Glasgittergewebe in einer neuen Putzmörtelschicht auf altem Putz- und Fassungsbestand von 1923 an einem Wohnhaus

Bild 29 Glasgittergewebe, das in den 1970er-Jahren mit einem neuen Putzmörtelüberzug aufgebracht wurde (Wohn- und Mietshaus aus dem Jahr 1908)

4.4 Zusatzmittel und Additive

Die Beigabe von Zusatzmitteln und Additiven betrifft historische Mörtel nur in einem geringen Maß. Jedoch soll dieses Thema nicht unerwähnt bleiben, da heutige industriell hergestellte Mörtel ohne Zusatzmittel und Additive kaum funktionieren würden.

Zusatzmittel werden in flüssiger oder pulvriger Form angewandt. Sie beeinflussen die chemischen oder physikalischen Eigenschaften des Mörtels sowohl im angemachten als auch im erhärteten Zustand. Diese Mittel kommen als Verflüssiger, Erstarrungsverzögerer oder -beschleuniger zum Einsatz. Sie können zur Verhinderung der Entmischung, der Bildung von Luftporen oder als dichtungs- bzw. haftungsverstärkende Zusätze beigemischt werden.

Heute werden Cellulosederivate eingesetzt, um das Wasserrückhaltevermögen, die Verarbeitbarkeit und das Haftvermögen des Mörtels zu verbessern. Hydrophobierungsmittel in Form von Metallseifen sollen die Benetzung der Porenwandungen des erhärteten Mörtels herabsetzen und eine wasserabweisende Wirkung erzielen.

Luftporenbildner, meist Naturharzseifen oder synthetische Tenside, können die Verarbeitung verbessern und die Schwind- und Spannungsneigung des erhärtenden Mörtels reduzieren. Auch werden dem Mörtel Kunststoffdispersionen (fein dispergierte Kunststoffteilchen in Wasser) oder redispergierbare Pulver zugesetzt, um die die genannten Eigenschaften zu verändern. Dabei besteht aber immer das Problem, dass weitere Zusatzmittel hinzugegeben werden müssen (Emulgatoren,

Entschäumer, Schutzkolloide und Filmbildungshilfsmittel), um diese zu stabilisieren und eine Filmbildung bzw. die Mörtelaushärtung überhaupt zu ermöglichen.

All diese Zusatzmittel in modernen Mörteln können unter Umständen bei der Restaurierung und Konservierung historischer Putze zum Problem werden, da sie oft komplett andere Eigenschaften aufweisen als ein historischer Kalkmörtel.

Bislang bleibt es reine Spekulation, wie weit das Wissen über die Beimischung von Zusatzmitteln in historische Mörtel reichte. Die Meinungen darüber gehen auseinander, ebenso die Hinweise in Quellen. Es würde an dieser Stelle zu weit führen, dieser Frage grundlegend nachzugehen. Es sei nur so viel gesagt, dass es Zugaben organischer Bindemittel zum Kalkmörtel mit Sicherheit gab, dass es sich dabei aber auch mit Sicherheit nicht um ein übliches oder gängiges Verfahren handelte.

Eine zum Teil ins Reich der Mythen gehörende Gruppe sind die immer wieder erwähnten organischen Zusätze, wie Blut, Eier, Milch, Quark, Urin oder Ähnliches, die dem Kalkmörtel gelegentlich beigegeben worden sein sollen oder auch nicht. Insbesondere die genannten Lebensmittel wurden für die Versorgung gebraucht und waren für die Menschen von großer Bedeutung. Man hätte sie nicht ohne Not an ein Baumaterial verschwendet. Anders verhielt es sich jedoch mit verdorbenen Lebensmitteln, die durchaus ihren Weg in den Mörtel fanden. Man könnte in diesem Zusammenhang die These aufstellen, dass sie verwendet wurden, weil sie vorhanden waren und nicht schadeten und zudem meist auch nichts kosteten. Gelegentlich wird in historischer Literatur die Zugabe von Rinderblut genannt, um das Haften oder die Haltbarkeit eines Kalkmörtels auf Lehm zu verbessern. Neuere Forschungsergebnisse zeigen, dass die Zugabe von Ochsenblut bzw. Rinderblut (Blutplasma), Eiern oder Milch / Quark (Casein), also Proteinen, sowohl die Verarbeitungs- und Festmörteleigenschaften verbessert als auch zur Bildung von Luftporen beiträgt. Der Zusatz von Blutplasma erhöht den Luftporenanteil im Bereich von 10 bis 1 µm.[49]

Ein seltenes Beispiel für die Verwendung von nicht gut genießbaren Lebensmitteln als Zuschlag findet sich in einer Publikation zur Küche des 18. Jahrhunderts in Oberschwaben. Dort wird beschrieben, dass der Wein (Seewein) in Ravensburg eine derart schlechte Qualität hatte, dass er nur zum Anmachen der Mörtel im Kloster Weingarten und zum Waschen der Kuheuter verwendet wurde. Er war unglaublich sauer und ungenießbar.[50]

49 Boenkendorf 1995
50 Barczysk 1990, S. 38

Die vermuteten Beigaben von organischen Zusatzmitteln werden also auch weiterhin für angeregte Diskussionen sorgen. Vielleicht werden in der Zukunft durch weitere Untersuchungen an historischen Materialien und Putzmörteln und durch gezielte Quellenforschung mehr Erkenntnisse gewonnen.

Beim Gipsmörtel sieht es dagegen etwas anders aus – hier wusste man sehr genau, dass man Zusatzmittel beim Anmachen eines niedrig gebrannten Gipses hinzugeben musste, um die Hydratationszeit zu regulieren und damit die Abbindezeit zu beeinflussen. In den allermeisten Fällen dürfte man als Verzögerer tierische Leime (Glutinleim) verwendet haben (Bild 30). Glutinleim wird aus tierischen Abfällen aller Art, wie Haut, Knochen, Leder, Hufen usw., durch Kochen hergestellt. Schon eine geringe Zugabe dieses Leims ins Anmachwasser genügt, um die Abbindezeit des Gipsmörtels von Minuten auf mehrere Stunden auszudehnen.

Bild 30 Leimplatten aus Knochenleim

Neben Proteinen sind auch Carbonsäuren (Wein- und Zitronensäure etc.), Sulfonate (organische Schwefelverbindungen), Phosphonsäuren (H_3PO_3), Phosphate (Salze und Ester der Phosphonsäure) und Zucker (Glucose, Fructose etc.) für ihre verzögernde Wirkung im erhärtenden Gipsmörtel bekannt.

5 Mörtelarten und ihre Herstellung

Die Geschichte der Mörtelherstellung ist so alt wie das Baugewerbe selbst. Sieht man von vorchristlichen, antiken oder ländlichen als Besonderheit gepflegten Beispielen ab, bei denen Mauern ohne Mörtel hergestellt worden sind, ist ansonsten das Fügen der Steine zu Mauern ohne Mörtel in unseren Breiten kaum denkbar.

Aus Quellen ist bekannt, dass Baumaterial in vorindustriellen Zeiten fast immer aus den örtlich verfügbaren Ressourcen hergestellt wurde bzw. werden musste. Transporte waren kostspielig und führten unter Umständen zu einer Verteuerung des Bauvorhabens. Die Mörtelherstellung selbst war so hauptsächlich dem örtlich und auch materiell eng begrenzten Bedarf angepasst. Je nach Region standen Materialien von sehr unterschiedlicher Qualität zur Verfügung und es entstanden qualitativ sehr unterschiedliche Mörtel.[51]

Die Bereitung von Mörtel (sowohl Kalk- als auch Gipsmörtel) selbst war jahrhundertelang geprägt von Erfahrung und Tradition, die von Generation zu Generation mündlich weitergegeben wurde. Historische Mörtel enthalten somit einen großen Informationswert zu historischen Materialien und Herstellungsmethoden. Durch gezielte Untersuchungen kann mehr Verständnis und eine größere Wertschätzung für diese Materialien erreicht werden.

51 Marinowitz 2009, S. 80

5.1 Trockengelöschter Kalkmörtel

Eine seit der Antike gebrauchte Methode zur Bereitung von Kalkmörtel ist die Herstellung von »trocken gelöschtem Kalkmörtel im Sandbett« (Bild 33). Naturwissenschaftlich lässt sich diese Herstellungsweise bereits an antiken Mörteln nachweisen. In Mikroskopuntersuchungen an historischen wie auch an nachgestellten Putzmörteln konnten grobe Kalkbindemittelbestandteile (Kalkspatzen) mit mehr oder weniger feinen y-förmigen Rissen nachgewiesen werden, die charakteristisch für das Herstellungsverfahren des Löschens im Sandbett ohne Wasserüberschuss sind (Bild 31 und Bild 32). Die Kalkspatzen sind vom feinkörnigen Kalkbindemittel klar abgrenzt. Sie sind an ihren Rändern dichter als Innen und können auch silikatische Bestandteile aufweisen. Nach Kraus sind diese Bindemittelbestandteile auf einen Löschprozess zurückzuführen, bei dem sich über längere Zeit hohe Temperaturen aufbauen konnten, während Wasser nicht im Überschuss vorhanden war. Die groben Partikel wurden vor der Mörtelbereitung nicht abgetrennt. Dieser Löschvorgang wird als »historisches Trockenlöschen« bezeichnet, in Abgrenzung zum industriellen Trockenlöschverfahren, bei dem fein gemahlener Branntkalk mit einer genau dosierten Wassermenge zu pulverförmigem Kalkhydrat gelöscht wird und nicht mit Sand oder anderen silikatischen Materialien in Kontakt kommt.[52]

Die Haufwerke, bei denen Stückkalk und Sand zur Herstellung von Mörtel in Lagen aufgeschichtet und anschließend mit einer definierten Wassermenge übergossen wurden, sind aus mittelalterlichen Bildquellen nicht wegzudenken. Diese Mörtel konnten direkt als sogenannter Heißkalk verarbeitet oder auf Vorrat für große Baustellen, wie wir sie vom Burgen- oder Kirchenbau kennen, hergestellt werden. Da der Branntkalk je nach Gesteinszusammensetzung und Brenndauer unterschiedliche Qualitäten aufwies, war auch die Qualität des Mörtels nicht immer gleich. Je länger die Lagerung im Haufwerk möglich war, desto besser wurde der Stückkalk im Sand abgelöscht. Bei einem schlecht durchgelöschten Kalkmörtel konnte es dagegen nach der Verarbeitung als Putzmörtel noch zu einem Nachlöschen der Calciumoxidpartikel im bereits fertigen Putz und somit auch zu Schäden kommen. Die als »Kalktreiber« gefürchteten Partikel vergrößern beim Nachlöschen im Kontakt mit Luftfeuchte ihr Volumen, was bei Putzmörteln kraterförmige Abplatzungen hervorrufen kann.

Untersuchungen an Putzen zeigen heute, dass die Herstellungsmethode im Sandbett noch bis Anfang des 20. Jahrhunderts in ländlichen Regionen Verwendung fand. Seit einigen Jahren erfährt der so erzeugte Putzmörtel vor allem im Bereich

52 Schriftliche Mitteilung Dr. Karin Kraus, Institut für Steinkonservierung e. V. Mainz

der Denkmalpflege und Restaurierung, aber auch bei neuen Verputzarbeiten wieder eine Renaissance – und das zu Recht, denn die Vorteile gegenüber Werkfertigmörteln mit der Bezeichnung Luftkalkputz zeigen sich bei der Verarbeitung und Anwendung in der Restaurierung sehr deutlich.

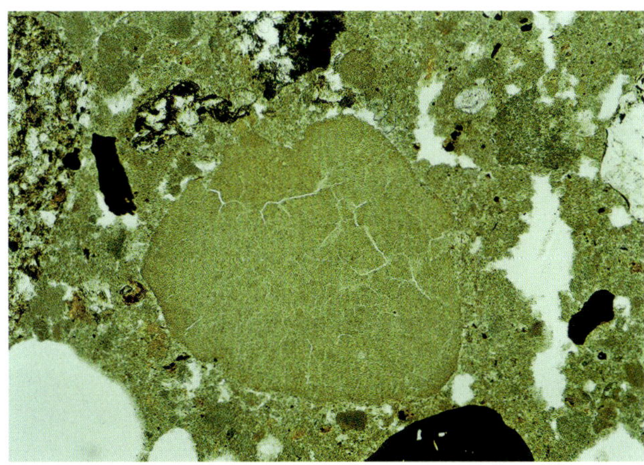

Bild 31 Römischer Unterputzmörtel aus der Villa am Silberberg bei Ahrweiler: Größe des Kalkbindemitteleinschlusses 2 mm (Mikroskopaufnahme: Institut für Steinkonservierung, Mainz, IFS-M 2195)

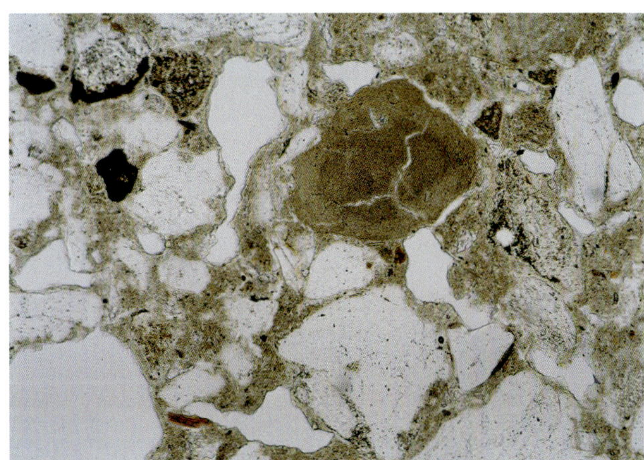

Bild 32 Vom Restaurator Wolfgang Kenter nachgestellter Kalkputz unter Verwendung eines in einem Sand-Branntkalk-Haufwerk gelöschten Kalks; Größe des Kalkbindemitteleinschlusses 0,3 mm (Mikroskopaufnahme: Institut für Steinkonservierung, Mainz, IFS-M 2437)

Bei der Verwendung als Heißkalk wird der Mörtel unmittelbar nach dem Löschen aus dem Haufwerk heraus gemischt und noch »heiß« verarbeitet. Dieser Heißkalkmörtel wurde überwiegend für Mauerarbeiten angewendet, wofür sich das Material auch sehr gut eignet, da Kalktreiber hier unerheblich sind und es durch sein schnelles Ansteifen zu einer erhöhten Anfangsfestigkeit kommt und damit auch sofort eine große Stabilität des Mauerwerks gewährleistet ist.

Bild 33 Haufkalkmörtel (Herstellung in Bildern)

A) Bauen einer Löschvorrichtung für das Haufwerk: Der Kasten wird mit Folie ausgelegt, um zu verhindern, dass Wasser beim Löschen ins Erdreich abfließen kann.

B) Einfüllen der ersten Sandschicht: Verwendet wurde hier ein Grab- oder Grubensand mit der Körnung 0 bis 4 mm. Die rote Farbe stammt vom hohen Eisengehalt im Sand.

C) Die erste Schicht Sand ist eingefüllt und gleichmäßig in der Löschvorrichtung verteilt.

D) Auf die Sandschicht wird gebrannter Kalk als Stückkalk aufgebracht.

E) Der Stückkalk wird ebenfalls gleichmäßig auf der Sandschicht verteilt.

F) Die Stückkalklage wird mit weiterem Sand abgedeckt.

Bild 33 Haufkalkmörtel (Herstellung in Bildern), Fortsetzung

G) Mithilfe einer Wasseruhr am Schlauch kann die vorher berechnete Wassermenge kontrolliert dazugegeben werden.

H) Das Haufwerk wird gelöscht. Das Wasser wird gleichmäßig über den Sand gesprengt.

I) Um eine bessere Durchfeuchtung zu gewährleisten, werden Löcher in das Haufwerk gestoßen.

J) Der Löschvorgang im Inneren des Haufwerks setzt ein, sobald das Wasser die Branntkalkschicht erreicht. Mit einem Messfühler wird der Temperaturanstieg im Inneren gemessen.

K) Das Haufwerk wird zum Ruhen abgedeckt und kann die nächsten Tage ausreagieren.

L) Anstich des Haufwerks: Zwischen den Sandschichten ist die abgelöschte und im Volumen vergrößerte Stückkalkschicht zu sehen. Anschließend wird der Abstich zu Mörtel verarbeitet.

Bisher hat sich für dieses Mörtelherstellungsverfahren keine klare Bezeichnung durchsetzen können. Der Begriff »trocken gelöschter Kalkmörtel« oder »historisches Trockenlöschen« ist zwar inzwischen vor allem in der Restaurierung geläufig, konnte sich aber als Bezeichnung für den historischen Putzmörtel aus diesem Verfahren nicht durchsetzen, vielmehr führt er immer noch zu Missverständnissen und Fehlinterpretationen. Eine eigene Bezeichnung, die historische Mörtel aus diesem Herstellungsverfahren definiert, ist also überfällig. Angelehnt an den Begriff Sumpfkalkmörtel möchten wir den Begriff »Haufkalkmörtel« etablieren, durch den unmissverständlich der Herstellungsprozess des Mörtels durch Löschen des Branntkalks in einem Sandhaufwerk hervorgehoben wird. Mit diesem Begriff kann sowohl der historische Kalkputzmörtel als auch der nachgestellte Putzmörtel klar von allen industriell hergestellten Kalkmörteln abgegrenzt werden und es kommt nicht zu Verwechslungen. Im Text wird daher im Folgenden nicht mehr von »trocken gelöschtem Kalkmörtel«, sondern nur noch von »Haufkalkmörtel« gesprochen.

Ein nach diesem Verfahren hergestellter Mörtel besitzt entscheidende Vorteile gegenüber Sumpfkalkmörteln, weshalb er auch vorwiegend zum Mauern und Verputzen verwendet wurde. Die beim Löschen entstandenen Kalkspatzen (weiße Klümpchen mit Durchmessern von nur wenigen Millimetern bis einem Zentimeter) bilden ein Calcitreservoir. Sie wirken sich im Lauf der Jahre positiv auf die Wasserregulierung im Putz aus und tragen zum sogenannten Selbstheilungsprozess des Mörtels bei; gemeint ist hierbei die Fähigkeit zur Um- und Rekristallisation des potenziellen Bindemittels zu Calciumcarbonat. Dadurch neigen die Putze weniger zu Bindemittelausschwemmungen und Kohäsionsverlust.

Ebenfalls eine sehr wichtige Eigenschaft ist das höhere Wasserrückhaltevermögen dieser Mörtel, das günstigere Bedingungen für die Carbonatisierung und geringere Schwindmaße im Vergleich zu Sumpfkalkmörtel mit entsprechendem Bindemittelgehalt bewirkt.

5.1.1 Verarbeitung zu Mörtel

Zum Gebrauch als Mörtel wird die fertig gelöschte, gut gelagerte Sand-Kalk-Schichtung mit einer Schaufel senkrecht abgestochen und vorgemischt. Anschließend kann sie in einem Freifall-Mischer nach Zugabe von Wasser weiterverarbeitet werden.

Der fertige Mörtel wird meist ohne besonderen Vorspritz in Kellenwurftechnik angeworfen. Die zu verputzenden Wandflächen werden vor dem Anwerfen in Abhängigkeit von der Saugfähigkeit des Mauerwerks oder des Untergrunds entsprechend mit Wasser genässt. Je nach gewünschtem Erscheinungsbild wird die Oberfläche nach dem Anziehen des Mörtels an der Wandfläche weiterbearbeitet. Haufkalkputze sind als Einschichtputz verarbeitbar, bei höheren Auftragsstärken kann der Auftrag aber auch mehrlagig ausgeführt werden. Allerdings ist dann darauf zu achten, dass der nächste Schichtauftrag »frisch in frisch« erfolgt, damit sich keine Sinterschicht ausbildet, die sich ungünstig auf die Haftung der Lagen auswirkt.

Je mehr Erfahrung man im Umgang mit den Materialkomponenten, den Sandqualitäten, mit unterschiedlichen Sieblinien und der Zumischung von Fasern und der Herstellung der Mörtel gewinnt, umso größer wird die Varietät an Mörteln, die sich so produzieren lassen.

Durch das Trockenlöschverfahren lassen sich Mörtel herstellen, die genau auf die zu verputzenden Wandflächen abgestimmt werden können und somit auch für die Restaurierung und Reparatur von schadhaften Putzmörtelflächen heute wieder eine große Bedeutung haben. Haufkalkmörtel kommen inzwischen bei der Konservierung und Restaurierung überall da zum Einsatz, wo industriell hergestellte Kalkputze an ihre Grenzen stoßen.

5.1.2 Beispiele für die Verwendung

Bis heute haben sich fast 1000 Jahre alte Putzfassaden aus Haufkalkmörteln erhalten, obwohl sie seit genauso langer Zeit der Bewitterung ausgesetzt sind. Die nach heutigem Kenntnisstand ältesten dieser Mörtel finden sich in der heutigen Türkei (ca. 2500 v. Chr.). 2000 Jahre alte Beispiele können heute auch in Pompeji wieder bewundert werden (Bild 34 bis Bild 36). Dort wurden mit Haufkalkmörtel sowohl Mauern hergestellt als auch Säulen verputzt.

Bild 34 Mörtel aus dem Odeion (Musiktheater) in Pompeji (Foto: Wolfgang Kenter, Frauenzimmern)

Bild 35 Haufkalkmörtel als Untermörtel einer Stuckierung in den »Stabianer Thermen« (Foto: Wolfgang Kenter, Frauenzimmern)

Bild 36 Detailbild zu Bild 35 (Foto: Wolfgang Kenter, Frauenzimmern)

Viele Beispiele für die Verwendung dieses Mörtelmaterials lassen sich auch in Südtirol finden. Haufkalkmörtelputze mit teilweiser freskaler Bemalung haben sich hier seit mehreren Hundert Jahren – teils bis zu 900 Jahren – großflächig erhalten, obwohl sie einer massiven Bewitterung und dem ungünstigen Gebirgsklima ausgesetzt waren und noch sind.

So zum Beispiel die St. Johannkirche in Taufers im Münstertal: Die Ursprünge der Kirche gehen bis ins 9. Jahrhundert zurück. Bekannt ist die Kirche vor allem durch das Fresko des Hl. Christophorus auf der Nordseite, das als das älteste bekannte Christophorusbildnis Tirols gilt (Bild 37).

Auch das Kloster Marienberg (Burgeis, Reschenpass) im Vinschgau wurde ab 1146 ausschließlich mit Haufkalkmörteln gebaut und verputzt. Fresken in der Krypta (12. Jahrhundert) sind heute noch auf originalen Haufkalkputzen erhalten.

Bild 37 Romanische Wandmalerei auf Haufkalkputz ausgeführt, circa 12. Jahrhundert, St. Johann in Taufers, Nordseite (Foto: Wolfgang Kenter, Frauenzimmern)

In der Kirche St. Benedikt in Mals sind ebenfalls Fresken auf originalen Haufkalkputzmörteln aus dem 12. Jahrhundert erhalten. Die Stadt Glurns in Südtirol hat insgesamt einen reichen Bestand an Haufkalkputzmörteln an den Fassaden, der bis heute erhalten geblieben ist und wiederum mit Haufkalkmörtel ergänzt und gepflegt wird.

In der Schweiz gibt es an der ehemaligen Johanniter-Kommende Bubikon bei Zürich am Ritterhaus noch großflächige Außenputze aus Haufkalkmörtel mit einer Fugenritzung aus dem 13. Jahrhundert, auf die auch in Kapitel 15.1 zur Konservierung noch eingegangen wird.

Bild 38 Fugenritzung an einem mittelalterlichen Putz aus Haufkalkmörtel in Ravensburg

Selbst auf der Kanareninsel La Gomera verwendete man am ältesten Bauwerk der Insel, dem »Torre del Conde« (Baujahr 1447) in San Sebastian, Haufkalkmörtel als Fugenmörtel (Bild 39). An allen verbliebenen alten Häusern der Stadt kommen Putzmörtel ebenfalls als Haufkalkmörtel vor. Die Baukonstruktion der alten Häuser besteht aus mit Lehm und Erde gemauerten Natursteinwänden, die mit diesen Mörteln verputzt wurden. Die vorgefundenen Putzmörtel haben alle einen dunklen, vor Ort vorhandenen »Basaltsand« als Zuschlag.

Bild 39 Der »Torre del Conde« ist das älteste Bauwerk von San Sebastian, auf La Gomera, erbaut 1447. (Foto: Wolfgang Kenter, Frauenzimmern)

Auch in Deutschland gibt es viele Beispiele für die Verwendung von Haufkalkmörteln. Sie wurden im gesamten Schloss Höchstädt (an der Donau) zur Bauzeit neben Lehmmörteln verwendet (Bild 40, Bild 41).

Bild 40 Haufkalkmörtel als Einschichtputz, Kellerabgang in Schloss Höchstädt a.d. Donau (Foto: Wolfgang Kenter, Frauenzimmern)

Bild 41 Detail zu Bild 40

Ein weiteres Beispiel ist die Klosterkirche Gnadenberg. Sie wurde im Dreißigjährigen Krieg bis auf die Außenmauern zerstört. Der bauzeitliche Setzmörtel und die erhaltenen Putze aus Haufkalkmörtel (vor 1635) zeigen eine dem verwendeten Sandstein vergleichbare geringe Verwitterung – trotz der wetterexponierten Lage der Ruine seit über 370 Jahren. Im Mauermörtel bzw. Fugenmörtel findet sich eine große Anzahl von »Kalkspatzen« und es gibt immer noch eine gute Oberflächenfestigkeit.

5.2 Sumpfkalkmörtel

Im Gegensatz zum Haufkalkmörtel eignet sich ein Sumpfkalkmörtel durch seinen hohen Wasserbedarf und sein sehr viel langsameres Abbindeverhalten weniger gut für die Herstellung von Mauerwerk und von schichtdickeren Putzmörtelflächen mit größerer Zuschlagskörnung.

Mörtel aus Sumpf- oder Grubenkalk wurden daher überwiegend zur Herstellung feiner Innenputze, Kalkglätten und Schlämmen verarbeitet, wie sie zum Beispiel an Barockbauten heute noch zu finden sind. Auch bei der Stuckherstellung spielt der Sumpfkalk eine große Rolle (siehe Kapitel 8).

Zur Herstellung von Sumpfkalk wird der gebrannte Kalkstein, anders als beim Trockenlöschverfahren, unmittelbar mit Wasser (Wasserüberschuss) übergossen und abgelöscht. Anschließend kommt der Kalkbrei in möglichst wasserdichte Erdgruben, die im Winter frostfrei bleiben, und wird über viele Jahre eingesumpft. Durch das Lagern in einer Grube sinken Schmutzstoffe auf den Grund und noch nicht gelöschte Branntkalkpartikel können nachlöschen. Je länger die Lagerungszeit andauert, desto hochwertiger wird der Sumpfkalk, denn die anfangs relativ großen, blättchenförmigen Calciumhydroxid-Kristalle zerfallen in kleinere, mikrokristalline Teilchen. Das begünstigt die Carbonatisierung bei der Verwendung des Sumpfkalks als Tünche oder Kalkanstrich, der so den einzigartigen seidenhaften Oberflächencharakter erhält.

Zur Mörtelherstellung wird der Sumpfkalk aus der Grube entnommen oder ausgeschöpft und mit Zuschlagsstoffen, gegebenenfalls unter Zugabe von weiterem Wasser, vermischt (Bild 42).

Bild 42 Sumpfkalk

5.3 Gipsmörtel

Vergleichbar dem historischen Kalkmörtel ist auch der historische Gipsmörtel ein seit dem Altertum verwendetes Baumaterial. Es ist daher verständlich, dass dieser in Gegenden, in denen es eher Gips- als Kalkvorkommen gab, für fast alle Bauvorhaben verwendet wurde. Heute lässt sich durch Untersuchungen gut belegen, dass die Verwendung von Hochbrandgips für Mörtel eben meist nur in Regionen mit Gipslagerstätten erfolgte.

Niedrig gebrannter Gips dagegen, der durch das Mahlen, Kochen und Sieben recht aufwendig und nur in kleinen Mengen hergestellt werden konnte, diente dagegen vorwiegend nur als »Anreger«, »Zusatz« oder aber für spezielle Arbeiten (zur Anregung des Ansteifungsvorgangs bei einem Kalkmörtel oder in reiner Form für die Herstellung von z. B. Stuckmarmor).

Der Gipsmörtel in all seinen Facetten soll an dieser Stelle nicht weiter vertieft werden. Es gibt zu diesem Thema bereits umfangreiche Forschungen. Allen voran Roland Lenz, Professor an der Staatlichen Akademie der Künste in Stuttgart, beschäftigt sich seit Jahren intensiv mit dem Thema des Gipsmörtels und hat dazu einige interessante Beiträge publiziert.[53]

Mit dem Aufkommen von Stuckierungen zu Beginn des 16. Jahrhunderts bekommt Gipsmörtel dann eine ganz neue Bedeutung, was in Kapitel 11 und Kapitel 12 thematisiert wird.

5.3.1 Verarbeitung von Gipsmörtel

Niedrig gebrannter Gips ist beim Anmachen dünnflüssig und bindet innerhalb kurzer Zeit ab, wenn keine entsprechenden Verzögerungsmittel zugesetzt werden. Bildhauer und Gipsgießer (z. B. die Gipsgießer der Familie Ratdolt im späten 15. Jahrhundert und Anfang des 16. Jahrhunderts in Augsburg) nutzten das Material daher gern für Abgüsse, bei denen der flüssige Mörtel in vorgefertigte Formen oder Modeln gegossen und nach dem Abbinden herausgenommen und weiterverarbeitet werden konnte.

53 Lenz 2002, S. 43–50

Außerdem war man sich sehr wohl bewusst, dass Gips wasserlöslich ist und dadurch auch nicht für alle Bauteile taugte, wie Leonhart Fronsperger bereits 1564 in seiner Bauordnung schreibt: »*[...] Gipß / kompt auß dem Welschen landt hat bey uns Teutschen nicht lang geweret / und ist ein dürr ding darumb / wirt zu dem gemeuwr unnd holtzwerck, die wend darmit zu bestechen oder dünchen / auch für defferwerck obersich /neben oder unden an zu Estrichen der füß boden / doch nur an die trückne gebraucht /denn an der nesse ist er nicht langwirig.*«[54]

Heute wird bei der Herstellung von Gipsmörtel niedrig gebrannter Gips solange in Wasser eingestreut, bis sich kleine Inseln auf der Wasseroberfläche bilden. Je mehr Gips sich im Wasser befindet, desto höhere Festigkeitseigenschaften wird der abgebundene Gips aufweisen.

Mit dem Einstreuen von niedrig gebranntem Gips in Wasser beginnt die An- bzw. Auflösung der Calciumsulfat-Halbhydratpartikel.

Das Rühren oder Aufschlagen des Gipses bestimmt dann maßgeblich die Auflösungsgeschwindigkeit des Halbhydrats sowie die Kristallkeimbildung und das Kristallwachstum. Innerhalb des Anmachgefäßes ist es daher sinnvoll, möglichst nur an einer Stelle zu rühren, um das Kristallwachstum im nicht gerührten Abschnitt, dem sogenannten Stehgips, zu verlangsamen. Innerhalb kurzer Zeit muss der Gipsbrei nun in Form gebracht werden, je öfter er gerührt oder bewegt wird, desto schneller erfolgt das Kristallwachstum. Beim ungerührten Stehgips setzt der Kristallisationsprozess etwas zeitverzögert ein, sodass sich die Zeitspanne für die Verarbeitung deutlich verlängert. Wird das Kristallwachstum jedoch durch zu viel Verrühren und Bewegung unterbrochen oder gehemmt, spricht man auch von einem »totgerührten« Gips.

Zu Beginn des Abbindens kommt es zu einem Ansteifen des Gipsbreis, dann setzt der eigentliche Abbindevorgang mit dem Verfilzen der Kristalle und der Aufnahme von Wasser ein. Bei dieser exothermen Reaktion wird Wärme freigesetzt und das Volumen des Gipses vergrößert sich um 0,2 bis 1 %.

Im Gegensatz zum niedrig gebrannten Gips wird Hochbrandgips nicht direkt in das Anmachwasser gegeben. Hier findet ein umgekehrter Weg statt: Man gibt Wasser zum Hochbrandgips, solange bis die gewünschte Konsistenz erreicht ist, sodass er sowohl gegossen als auch angetragen werden kann. Bei diesem Verfahren wird der gesamte Mörtel durchmischt. Die Abbindegeschwindigkeit und damit die Verarbeitungszeit hängen dabei vom Zusammenspiel des Durchmischungsgrads und

54 Fronsperger 1564, 2. Buch, Kapitel 35

der Mischzeit ab und wird später außerdem vom Saugverhalten des Untergrundes und der mechanischen Verdichtung des Mörtels bestimmt.

5.3.2 Anwendungsbeispiel

Ein Beispiel aus der Praxis von Kolleg:innen aus dem Netzwerk Bau und Forschung ist der Leuchtturm der Nordseeinsel Neuwerk (Bild 43). Das Gebäude ist ursprünglich um 1310 als Wehrturm noch teilweise aus Holz erbaut worden. Nach einem Brand um 1370 wurde die Außenmauer komplett aus Backstein errichtet. Da in Norddeutschland Kalkvorkommen recht selten sind, wurde bereits im 14. Jahrhundert ein Hochbrandgips als Mauer- und Fugenmörtel verwendet. Aufgrund zahlreicher Instandsetzungsmaßnahmen an den Fassaden ist das bauzeitliche Mauerwerk des Leuchtturms nur noch an den Innenseiten der Außenwände zu finden (Bild 44). Dieser Mörtel ist bis heute in seiner Beschaffenheit von außerordentlicher Härte.

Bild 43 Leuchtturm von Neuwerk aus dem 14. Jahrhundert (Foto: Anika Basemann, Jüterbog)

Neben Hochbrandgips konnten weitere Bestandteile wie Ziegel- und Holzkohlepartikel sowie silikatische Mineralkörner nachgewiesen werden, die jedoch eher primäre Bestandteile aus der Gipslagerstätte sein dürften als Zuschlagstoffe. Im Bruch unter dem Mikroskop sind die fein vernadelten Gipskristalle gut sichtbar (Bild 45).

Bild 44 Detail einer Wandfläche mit Fugenputz aus Hochbrandgips und Ritzungen (Foto: Anika Basemann, Juterbog)

Bild 45 Querschnitt durch eine Putzmörtelprobe: Zu sehen ist ein sehr homogenes Material, das ohne Zuschlag auszukommen scheint. In den Poren sind feine Gipsnadeln sichtbar.

5.3.3 Kalkgips- oder Gipskalkmörtel

Kalkgipsmörtel oder Gipskalkmörtel sind Mischungen der beiden Bindemittel Kalk und Gips sowie verschiedener Zuschläge. Das Bindemittel, das anteilmäßig überwiegt, wird in der Mörtelbezeichung zuerst genannt.

Die Zugabe von Luftkalk zu angemachtem Gipsmörtel verbessert die Verarbeitbarkeit und verzögert die Erhärtung. Der zugegebene Luftkalk erhöht die »Elastizität« des erhärteten Mörtels, allerdings wird die Druckfestigkeit dadurch gemindert.

Umgekehrt bewirkt die Zugabe von Gips zum Luftkalkmörtel ein schnelleres Ansteifen (Anreger), sodass der Kalkgipsmörtel auf einem wenig saugenden Untergrund oder in höherer Schichtstärke aufgetragen werden kann. Das hat den Vorteil, dass der Mörtel nach dem Antrag schnell weiterbearbeitet werden kann.

Kalkgipsmörtel oder Gipskalkmörtel werden aufgrund ihrer Eigenschaften noch bis heute als flächig aufgetragene Putzmörtel verarbeitet oder dienen zum Modellieren von Antragsstuckaturen oder zur Herstellung von Schablonenstuck (Bild 46 und Bild 47), (siehe Kapitel 8).

Bild 46 Grundputz aus Kalkgipsmörtel mit Resten von aufliegendem Stuckmarmor (Wohn- und Geschäftshaus, Stuttgart, 1909)

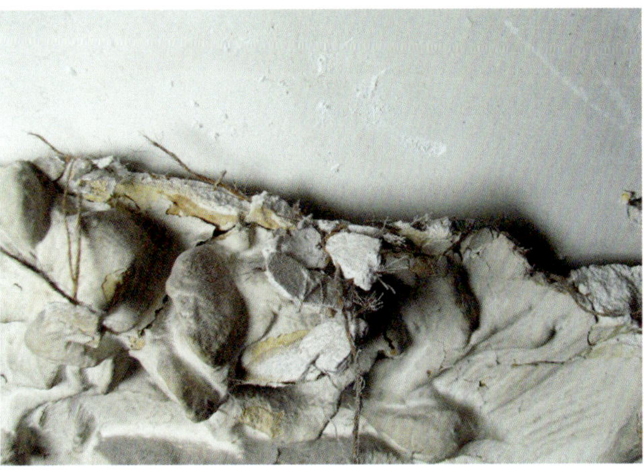

Bild 47 Reste einer Trockenstuckatur aus Gips auf einem Grundputz aus Gipskalkmörtel (ehemaliges Holland-Hotel, Baden-Baden, 1880)

5.4 Lehmmörtel

Lehm wurde von alters her zur Herstellung von Lehmsteinen (Batzen) und Mörteln verwendet. Wegen seiner guten Hitzeresistenz eignete er sich bevorzugt zum Bau von Backöfen und Kaminen. Lehmmörtel diente außerdem zur Einebnung von »rohem« Baulehm einer Ausfachung oder von Lehmstaken, aber auch zum flächigen Verputz von Wand- und Deckenflächen.

Zur Bereitung von Lehmputzmörtel wurde der Baulehm geschlämmt (gesiebt) und mit entsprechenden Zuschlägen und organischen Zusatzstoffen versetzt. In vorindustrieller Zeit brachte man den Lehmputz oft zweischichtig auf, so wie Krünitz beschreibt: »*Dieser sogenannte Tünch wird von Lehm gemacht mit weichem Hafer-Stroh, welcher nur eine Spanne lang, kurz gehackt wird, eingemenget, und damit alle Lehm-Wände überzogen und gleich gemacht. [...] Über diesen ersten Tünch wird noch eine zweite Tünch, von Lehm mit Gersten = Spreu, auch Flachs-Scheben vermenget, gezogen und ganz glatt gemacht.*«[55]

Man konnte diese Oberflächen so belassen oder gleich in der Nachfolge mit einem Kalksandgemisch überschlämmen oder nochmals mit einem Kalkanstrich versehen. Das war von Vorteil, da die mangelnde Wasserbeständigkeit des Lehmputzes in manchen Räumen und auch an stärker bewitterten Außenflächen Nachteile hatte.

Baulehm und Lehmputzmörtel wurden in früheren Zeiten größtenteils für ländliche Bauten verwendet (Bild 48) und erleben erst in den letzten Jahren wieder eine Renaissance als nachhaltige, natürliche und bauphysikalisch ausgewogene Wandbeschichtung.

55 Krünitz 1795, S. 267–268

Bild 48 Lehmmörtel als Grundputz in den Gefachen und dünne Putzmörtelschicht mit Malerei (ehemaliges Pfarrhaus bei Stuttgart 1595)

5.5 Historische Rezepturen zur Mörtelbereitung

Mit Mörtelrezepturen verhält es sich ähnlich wie mit den organischen Zusätzen. Ihnen haftet zum Teil bis heute etwas Geheimnisvolles an und nur sehr selten wurden Rezepturen für Mörtel wirklich aufgeschrieben. Gibt es solche Aufzeichnungen, zeigt sich oft ein Problem in der Diskrepanz zwischen den Kenntnissen und Erfahrungen der Macher von Mörtel und den Verfassern der Rezepturen. Diejenigen, die den Mörtel herstellten, konnten oft nicht lesen oder schreiben, und diejenigen, die die Rezepturen aufschrieben, hatten meist keine praktische Erfahrung mit der Herstellung. Ein Dilemma, das nicht selten zu Missverständnissen und Fehlinterpretationen führte. So ist es auch nicht verwunderlich, dass Rezepturen oft wenig plausibel oder praktikabel erscheinen.

Die Italienerin Carla Arcolao hat in einer einzigartigen Sammlung[56] Rezepturen für Mörtel aus verschiedenen Quellen zusammengetragen. Aus dieser Rezeptsammlung wurden für eine Publikation aus dem Jahr 2009[57] drei ausgewählte Beschreibungen übersetzt. Sie stammen von Cennino Cennini (1437), Leon Battista Alberti (1485) und Philibert de l'Orme bzw. Delorme (1567–68). Alle drei Rezepte für die Mörtelherstellung bestehen nur aus Sand und Kalk. Wie daraus der Mörtel bereitet wird, wird sehr theoretisch abgehandelt.

Die Rezeptur von Philibert de l'Orme ist am wenigsten schlüssig und man gewinnt den Eindruck, dass hier einiges nicht richtig verstanden oder schlecht übermittelt wurde. Die Rezeptur von Cennini ist von allen drei Beschreibungen die plausibelste, die neben Mengenangaben auch noch eine Anweisung zur Verarbeitung des Mörtels enthält.

Für das Verständnis von historischen Mörtelzusammensetzungen sind vor allem Quellen zu Bauabrechnungen und Vorratslisten ein wertvoller Anhaltspunkt. Manchmal lassen sich aus Angaben zu An- oder Verkäufen Mengenangaben herauslesen und somit Rückschlüsse auf Zusammensetzungen von Mörteln ziehen. Eine der interessantesten Quellen zu diesem Thema ist das Baumeisterbuch der Stadt Zürich aus dem 16. Jahrhundert, das ein Inventar der Kalkhütte enthält. Aus diesem Inventar geht sehr gut hervor, in welchen Mengenverhältnissen und zu welchen Zeiten Kalk und Sand für den Bau aus der Hütte verkauft wurde.[58] So zahlte der Rechnungsführer der Großmünster-Fabrica 1428 für: »*8 Malter Kalk und 15 karetten* [Karren, Schubkarren] *Sand*«, 1428 für: »*3 Malter und 6 karetten*« und 1478 für: »*2 Malter Kalk auf 4 karetten*« zuzüglich der Kosten für das »Schwellen« (Löschen). Daraus lässt sich gut ablesen, dass es sich um Haufkalkmörtel handeln musste und welches Mischungsverhältnis sich daraus ergeben konnte. Es betrug etwa 1:2, was für einen historischen Mörtel zu jener Zeit nicht ungewöhnlich war.

56 Arcolao 2001, S. 51, 53, 54

57 Marinowitz 2008, S. 80–83

58 Guex 1986, S. 53

6 Vom Putzmörtel zum Putz

Putz ist ein an Wänden und Decken aufgetragener Belag aus Mörtel, der seine endgültige Eigenschaft erst durch Verfestigung am Baukörper erreicht. Putzmörtel kann in einer oder mehreren Schichten aufgetragen werden. Dies geschieht durch Anwerfen des flüssigen oder plastischen Materials in einem oder mehreren Arbeitsgängen.

Eine Auftragsschicht, die in einem Arbeitsgang hergestellt wird, bezeichnet man als Putzmörtellage. Es gibt somit ein- oder mehrlagige Putze. Untere Lagen heißen generell Unterputz, die oberste, sichtbare Lage ist der Deck- oder Oberputz.

Die genauere Bezeichnung richtet sich nach der Position der Putzmörtellage im Schichtaufbau. Direkt auf dem Mauerwerk und in den Mauerwerksfugen befindet sich der Ausgleichsputzmörtel (Unterputz), mit dem die Unebenheiten des Mauerwerks bzw. Fugenvertiefungen egalisiert werden. Der Ausgleichsputzmörtel ist nicht zu verwechseln mit einem »Vorspritz«, der entweder als Haftvermittler bei glatten Untergründen in Form eines dünnen, grobkörnigen, nicht vollständig abdeckenden Bewurfs oder als deckender Bewurf mit hohem Bindemittelanteil zur Regulierung der Saug- und Feuchtigkeitsverhältnisse des Untergrundes aufgebracht wird.

Auf den Vorspritz oder den Ausgleichsputzmörtel kann dann der Grundputz als weitere Putzmörtellage folgen. Dessen Funktion ist es, eine möglichst plan- und ebenmäßige Fläche zu bilden, die dann als Träger für einen nachfolgenden Oberputz oder Deckputz fungiert.

Natürlich ist es auch möglich, noch weitere Putzmörtellagen aufzubringen, insbesondere dann, wenn man spezielle Resultate, wie zum Beispiel einen Oberflächenglanz, erzielen möchte. Dafür ist ein mehrfacher Schichtenaufbau unerlässlich, um eine ebene, glättbare Fläche zu erhalten und ein zu schnelles Austrocknen zu verhindern. Nur so ist es möglich, dass eine entsprechende Bindemittelanreicherung bei der Bearbeitung auf der Oberfläche überhaupt stattfinden kann, die ausschlaggebend für den Glanzeffekt ist.

Durch die Verwendung von unterschiedlichen Werkzeugen zur Einebnung des Putzmörtels im Allgemeinen und des Deck- oder Oberputzes entstehen außerdem charakteristische Bearbeitungsspuren, die sogenannte Faktur, an der sich der Werkprozess sowie das ästhetische Ergebnis der Herstellung ablesen lassen. Manche Oberflächenausarbeitungen erhielten im Verlauf der Zeit auch spezielle Bezeichnungen, die sich an der Herstellungstechnik oder den beigegebenen Zuschlägen orientierten, wie zum Beispiel der Besenstupfputz oder der Rieselwurf aufgrund seines Überkorns.

Infolge des Werkprozesses entstehen an einer großflächigen Wand zwangsläufig meist deutlich sichtbare Absätze, sogenannte Pontate (Gerüstgrenzen), die sich entlang der Gerüststockwerke abzeichnen (Bild 49). Grund hierfür ist eine Überlappung des jeweils in der unteren Gerüstlage zeitversetzt angetragenen Putzmörtels auf den bereits an der oberen Wandfläche vorhandenen. Beim Wechsel der Gerüstlage muss das Arbeitsmaterial mitgenommen und die untere Mauerfläche wieder angenässt werden, sodass der bereits angetragene Putzmörtel in der Zwischenzeit leicht »anzieht« und der Überlappungsbereich nochmals überarbeitet werden muss, was sich dann in der Putzstruktur abzeichnet. Bei sehr großen Wandflächen können diese Absätze auch in einer Gerüstlagenfläche auftreten, meist im Bereich einer Maueröffnung, da der Übergang hier augenscheinlich weniger auffällt. Dies liegt daran, dass das Zeitfenster zum Auftrag und zur Bearbeitung der Fläche auf den Ansteifvorgang des Putzmörtels angepasst ist. Zum Teil lassen sich auch deutliche Unterschiede in der Oberflächenbearbeitung erkennen, die oft auf verschiedene Arbeitsphasen (Tagwerke) oder einzelne Handschriften zurückgeführt werden können.

Bild 49 Am Pulverturm von Vaihingen a.d. Enz (1492) sind Werkprozess und Pontate des Putzmörtelauftrags aus dem letzten Jahrhundert gut zu erkennen.

Einschichtige Putzmörteloberflächen folgen dagegen fast immer noch den Unebenheiten des Mauerwerks bzw. sind von der jeweiligen Mauerstruktur beeinflusst. Die Oberfläche ist dadurch oft wellig und uneben. Mehrlagige Putzmörtel haben dagegen aufgrund des Aufbaus eine höhere Homogenität, was zu einem ebenen und lotrechten Wandprofil beiträgt. Um also eine möglichst ebene und gleichmäßige Putzmörteloberfläche herzustellen, sind immer mehrere Arbeitsschritte notwendig. Das Einebnen der unteren Putzlage(n) kann durch lotrechtes Abziehen des Mörtels, zum Beispiel mit einer Kartätsche (von ital. »cartaccia« – grobes Papier, papieren – vermutlich weil die Oberfläche dann grobem Papier ähnlich sieht), auch über Putzleisten oder durch das einfache flächige Abreiben mit einem Holz- oder Filzbrett, einer Glätt- oder Reibscheibe etc. vorgenommen werden. Wird danach ein Deckputz aufgetragen, muss eine flächige Aufrauung des hergestellten Putzmörtelgrundes mit einem Putzhobel oder Rabo erfolgen, um die Sinterschicht, die während des Abbinde- und Erhärtungsvorgangs entsteht, abzunehmen. Dadurch wird ein tragfähiger, rauer und griffiger Untergrund für den folgenden Mörtelauftrag hergestellt.

Beim Deckputz resultiert die Oberflächenbeschaffenheit und -struktur des Putzmörtels aus seinem Zuschlag, dem eingesetzten Werkzeug und der Handhabung desselben oder einer abschließenden Oberflächenbearbeitung des bereits aufgebrachten, angezogenen oder erhärteten Putzmörtels, wie in den nachfolgenden Kapiteln noch beschrieben wird.

6.1 Applikation und Auftrag von Putzmörtel

Der Auftrag von Putzmörtel auf Wänden oder Decken wäre grundsätzlich auch nur mit der Hand möglich, wird aber üblicher Weise mithilfe entsprechender Werkzeuge ausgeführt (Bild 50). Der jeweilige Mörtel wird dazu mit der Kelle an die zu verputzende Fläche geworfen oder geschleudert. Entscheidender Vorteil dieses Anwerfens gegenüber einer anderen Aufbringungsmethode (z.B. Aufziehen oder Andrücken) ist, dass bei diesem Vorgang zwischen Mörtel und Untergrund ein zeitlich begrenzter Unterdruck entsteht, der ein Anhaften des Mörtels ohne größere Lufteinschlüsse bewirkt, sodass während des Versteifungsvorgangs eine ausreichende Adhäsion von Mörtel und Untergrund entstehen kann.

A

B

C

D

E

F

G

H

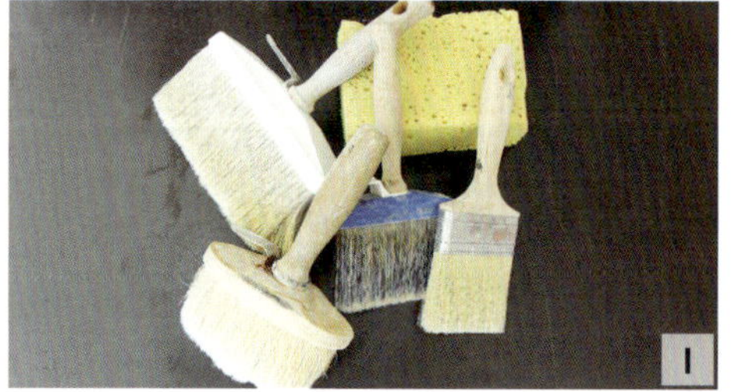
I

Bild 50 Beispiele von Werkzeugen für die Verarbeitung von Mörtel
A) Abziehspachtel, Glättekelle / Glättscheibe (Traufel), Japanspachtel, Gipserspachtel, Putzkelle, Spitzkelle
B) Raspel (rund), Putzhobel, Gitter-Rabo, unterschiedlich große Gipshobel
C) Schlosserhammer, Rabitz- oder Monierzange, Gipserbeil, Blechscheren
D) Winkel für Gehrungen, Stuckateureisen, Kratzeisen, Sgraffitoeisen, Antrageisen, Modellierschlingen, Malspachtel
E) Großes Aufzieh- oder Mörtelbrett (Dalusch) und unterschiedlich große Reibe- oder Scheibenbretter
F) Filzscheiben aus Schwammgummi
G) H-Kartätsche, Trapez-Kartätsche
H) Putzhaken für die Befestigung von Anschlaglatten
I) Quast, unterschiedlich große Kalkbürsten und Schwamm

6.2 Unbearbeitete Putzmörteloberflächen

In der Praxis ist es immer wieder problematisch, die unterschiedlichen Putzmörteloberflächen in ihrem Erscheinungsbild zu beschreiben und zu klassifizieren, da die handwerkliche, händische Ausführung heute kaum mehr geläufig ist. Der Einsatz von Putzmaschinen und industrieller Sack- oder Siloware macht diese Bearbeitungen überflüssig.

Vom Grundsatz her lassen sich alle Putzmörtelarten durch drei Kriterien beschreiben:

1. die Konsistenz des Putzmörtels während des Anwerfens oder Aufbringens,
2. die Beschaffenheit und die Struktur der aufgebrachten Putzoberfläche (abhängig vom Zuschlag),
3. die gezielte gestalterische Modellierung seiner Oberfläche.

6.2.1 Kellenwurfputz

Die einfachste Art, Flächen mit einer gleichmäßigen, wenn auch rauen Oberfläche zu bedecken, ist der Kellenwurfputz (auch: Berapp, Bewurf, siehe Bild 51). Der Putzmörtel wird bei dieser Technik mit der Kelle möglichst gleichmäßig und flächig angeworfen. Allein die Anwurftechnik, die Konsistenz des Mörtels und die jeweiligen Korngrößen und -formen entscheiden über die Struktur und die Ausbildung und das Aussehen der späteren Putzoberfläche.

Bild 51 Kellenwurf

6.2.2 Kellenspritzputz / Spritzputz

Der Kellenspritzputz ist in der Herstellung ganz ähnlich dem Kellenwurfputz. Für die Verarbeitung wird der Mörtel jedoch mit mehr Wasser angemacht, ist in seiner Konsistenz also dünnflüssiger. Beim Anwerfen bzw. Anspritzen kann so nur eine kleine Portion Mörtel mit der Kellenkante auf den Untergrund aufgebracht werden. Dadurch erhält die Oberfläche eine raue Struktur, die maßgeblich durch die Zuschlagskörnung bestimmt wird. Neben der Sandfraktion können dem Putzmörtel noch Kies oder Splitt, farbiges Glas, zerbrochene Keramik, Schlacken etc. als Überkorn zugesetzt werden, um bestimmte Effekte und Schattenwirkungen, etwa eine gekrönelte Steinoberfläche, zu erzielen. Der Auftrag eines Kellenspritzputzes erfordert sehr viel wurftechnisches Geschick und Erfahrung, um eine einheitliche und gleichmäßige Oberflächenstruktur zu erzielen. Man bediente sich daher bereits seit dem 18. Jahrhundert verschiedener Hilfsmittel, die den Auftrag erleichterten. So kann durch den Einsatz eines Reisigbesens der Putzmörtel einfacher auf der Fläche verteilt werden. Ein Besenspritzputz kommt nur als Oberputz *»dritte Putzmörtelschicht aus einem Kalk-Quarzsandgemisch von gleichmäßigem Korn und Farbe«* vor und er wird aufgebracht, indem man mit einem *»Reisigbesen, der an ein Holz geschlagen wird, dass der Inhalt des Besens an die Wand spritzt.«*[59] (Bild 52 und Bild 53)

Ein Nachteil dieses Verfahrens ist, dass größere Kornfraktionen nicht beliebig eingesetzt werden können, da die dünnen Zweige des Besens brechen können. Nach den Anfängen im 18. Jahrhundert gewann aufgespritzter Putzmörtel im 19. Jahrhundert an Bedeutung und wurde äußerst populär, zumal die Erfindungen diver-

59 Fink 1866, S. 128

ser Spritzputzapparate, wie Putzschleuder, Putzwerfer, Wormser oder Putzhexe, erhebliche Arbeitserleichterungen mit sich brachten. In dieser Zeit wurden dann auch Begriffe wie Wormser Putz oder Riesel- und Kieselwurf (mit zugesetzten Kieseln) geprägt, die das Aussehen bestimmter Putzoberflächen bezeichnen. Noch bis in die 1960er-Jahre wurden die Spritzputze vor allem auf großflächigen Gebäudefassaden angewendet. Außer ästhetischen Vorlieben gab es dafür auch praktische Gründe, denn diese Spritzputze konnten ohne großen Aufwand einigermaßen ansatzfrei aufgetragen werden, sodass die Farb- und Oberflächenwirkung auch bei Verschmutzung einheitlich wirkte.[60] (Bild 54 und Bild 55).

Bild 52 Feiner Spritzputz an der Fassade eines Schulhauses (erbaut 1889)

Bild 53 Detailbild: Durch den verwendeten Zuschlag erhielt der bauzeitliche Spritzputz seine Farbigkeit.

Bild 54 Fassade einer Kirche (erbaut 1745) mit grobem Spritzputz

Bild 55 Detailbild: Spritzputz mit Überkorn und mehreren Anstrichen

60 Becker 1925, S. 40

6.3 Bearbeitete Putzmörteloberflächen

Neben den Putzmörteloberflächen, die in ihrem Erscheinungsbild einfach belassen blieben, wurden Sichtflächen auch gezielt mit unterschiedlichen Werkzeugen bearbeitet. Diese nachträglichen Bearbeitungen reichen vom einfachen Einebnen und Glätten bis hin zur Erzeugung von Strukturen und Effekten.

Bei einem Luftkalkputzmörtel bildet sich durch erhöhten Druck auf die Oberfläche , also mit zunehmender Verdichtung, eine Sinterschicht oder Sinterhaut aus.

Die Sinterschicht oder Sinterhaut ist eine dünne, harte glasartige und spröde Schicht, die den Putzmörtel auf der einen Seite vor Umwelteinflüssen schützt und Pigmente stabil einbindet, auf der anderen Seite jedoch den Nachteil hat, dass die Feuchtigkeit nur langsam nach außen abgegeben werden kann. Nach der Bildung einer Sinterschicht kann nur wenig Kohlenstoffdioxid (CO_2), das zum vollständigen Erhärten des Kalkputzmörtels benötigt wird, in tiefere Schichten transportiert werden, was zu einer langsameren Carbonatisierung führt.

6.3.1 Abkellen, Kellenglattstrich und Kellenzug

Die einfachste, aber bereits gezielte Modellierung des angetragenen Putzmörtels wird durch das Abkellen erreicht. Die Oberfläche wird mit der horizontal gehaltenen Kellenkante abgezogen. Dabei wird überschüssiger Mörtel mit der Kelle aufgefangen und die Putzoberfläche leicht eingeebnet (Bild 56). Eine weitere Art des Abkellens kann mit der Kellenunterseite erfolgen. Dabei wird die Putzmörtelfläche durch leichtes Andrücken und Abziehen mit der schräg gehaltenen Kelle verdichtet und bereits geglättet, sozusagen dressiert und strukturiert. Auf diese Weise entsteht der sogenannte Kellenglattstrich, wie er für viele bemalte mittelalterliche Putzoberflächen typisch ist. Teilweise wird dieser Arbeitsgang oder die fertige Putzoberfläche dann auch »Kellenzug« genannt, da man den überschüssigen Mörtel mit der Kelle abzieht, die Kelle also über die Oberfläche zieht und diese leicht verdichtet (Bild 57). Der hier beschriebene Vorgang darf nicht verwechselt werden mit dem in der Literatur im Zusammenhang mit der mittelalterlichen Pietra-Rasa-Technik häufig genannten »Kellenzug«, also dem Einziehen oder Einritzen einer Fuge mit der Kellenkante in den frischen Mörtel.

Wird bei diesem Arbeitsgang die Kelle fächerförmig geführt, lässt sich die Arbeitsweise im erhärteten Putzmörtel sehr gut erkennen, weshalb dieser Putz auch gern als Fächerputz bezeichnet wird.

Bild 56 Abkellen einer Oberfläche

Bild 57 Freigelegte Putzfläche aus dem 17. Jahrhundert mit abgekellter und geglätteter Oberfläche mit Kalktünchen an einer Kirche

6.3.2 Abbürsten, Abfilzen und Abscheiben

Die einfachste »Nachbehandlung« der fertig aufgetragenen Putzmörtelschicht, um eine in sich geschlossene Oberfläche herzustellen, ist das zusätzliche Abbürsten, Abfilzen oder Abscheiben (Bild 58). Der Mörtel muss hierfür bereits leicht angezogen und druckfest geworden sein. Durch das Abfilzen oder Abscheiben wird ähnlich wie bei der Bearbeitung mit der Kelle mehr Bindemittel und Feinbestandteil aus dem Zuschlag an der Oberfläche angereichert, sodass sich auch hierbei eine Sinterschicht ausbilden kann. Die Bearbeitung mit Bürsten oder Pinseln (Quasten) ist im abgebundenen Putz oft an der typischen Pinselstruktur noch lange erkennbar (Bild 59).

Bild 58 Abfilzen der Putzmörteloberfläche mit dem Filzbrett oder Filzhobel

Bild 59 Strukturputzoberfläche abgebürstet

Bild 60 Schulgebäude in Backnang von 1912–1914

Bild 61 Detail aus Bild 60: abgescheibte Sichtputzoberfläche

6.3.3 Stupfputz / Besenputz

Die Oberfläche des Putzmörtels kann nach dem Abziehen oder Einebnen mit weiteren Werkzeugen, wie zum Beispiel einem Reisigbesen oder einem Nagelbrett, zusätzlich bearbeitet werden. Es handelt sich dabei um beliebte Putzgestaltungselemente der Barockzeit. Sie lassen sich sowohl auf ganzen Flächen, als auch in einzelnen Wandabschnitten finden. Durch das Eindrücken von Besen oder Nagelbrett in die angesteifte, aber noch modellierbare Oberfläche entstehen typische Strukturen, die an Mauersteine aus Quelltuff oder Rauhwacke erinnern (Bild 62). Diese Erscheinungsbilder tragen oft die Bezeichnungen Stipp- oder Stupfputz, Besenputz, auch gesteppter Bewurf oder Nagelputz.

Bild 62 Freilichtmuseum Bad Windsheim, Fassade mit Nagelputz, Struktur hergestellt mit einem Nagelbrett

6.3.4 Strukturputz

Mit der Verwendung unterschiedlichster Werkzeuge lassen sich zahllose Modellierungen des noch plastischen Oberputzes erzeugen, sodass individuelle Strukturen entstehen. Sowohl das eingesetzte Werkzeug als auch dessen individuelle Handhabung lassen sich dabei erkennen. Diese so erzeugten Strukturputze entstehen zum Beispiel durch das reihenweise Eindrücken einer spitz zulaufenden Kelle, sodass eine schuppenartig anmutende Oberfläche ausgebildet wird (auch als Schuppenputz bezeichnet). Modelliert werden können die Oberflächen auch durch das Eindrücken von Holzstempeln oder Modeln und durch das Aufkämmen der Oberfläche mit einem Kamm, bei der ein gezahntes Holz- oder Metallwerkzeug durch den frisch aufgetragenen Putzmörtel gezogen wird (Kamm-, Riefen- oder Wellenputz, siehe Bild 63 und Bild 64). Meistens werden diese Oberflächen nach dem eingesetzten Werkzeug, zum Beispiel als Spachtelstrichputz oder Traufelputz etc. (Bild 65 und Bild 66), oder der Oberflächenbearbeitung, zum Beispiel als Patschputz aufgrund des klatschenden Geräuschs beim Auftrag, benannt. Natürlich können diese Putzmörtel auch regionaltypische Namen oder Fantasienamen tragen, wie zum Beispiel Altdeutscher Putz oder Klosterputz.

Bild 63 Kammzugputz an einem Haus in Stuttgart (erbaut 1911)

Bild 64 Detail – Rekonstruktion des Kammzugputzes

Eine andere Methode, einen Strukturputz oder Scheibenputz zu erzeugen, besteht darin, dem Putzmörtel der letzten Schicht einen Zuschlag mit Überkorn (Kies, Splitt etc.) beizugeben und ihn nach dem Auftrag relativ frisch mit einem flachen Brett abzureiben. Durch das Abreiben bzw. Rollen oder Mitschleifen des Überkorns entstehen charakteristische Strukturen in der Putzmörteloberfläche.

Struktur-, Scheiben- oder auch Modellierputzoberflächen kommen vor allem im 20. Jahrhundert mit der Entwicklung sogenannter Edelputze in Mode (Bild 67 und Bild 68). Sie setzen grundsätzlich einen möglichst lotrechten und damit mehrschichtigen Putzaufbau voraus.

Bild 65 Strukturputz, feinkörnig: Traufelputz an einem Kirchturm (20. Jahrhundert)

Bild 66 Strukturputz, grobkörnig: Traufelputz an einer Kirche (20. Jahrhundert)

Bild 67 Strukturputz: Scheibenputz mit Zuschlagskorn von 2,0 mm, vertikal abgescheibt

Bild 68 Strukturputz: Scheibenputz mit Überkorn (3,0 mm), rund abgescheibt

6.3.5 Kratzputz

Eine weitere Variante der Oberflächenbearbeitung besteht darin, dem Putzmörtel im Zustand des Erstarrens, aber vor der vollständigen Erhärtung wieder Substanz von der Oberfläche abzunehmen bzw. abzukratzen. Dabei entstehen unterschiedliche Muster oder Oberflächenstrukturen. Diese Putzmörtel werden als Kratzputze bezeichnet, nicht zu verwechseln mit den Kratzputzen, die für Sgraffito-Techniken gebraucht werden. Siehe hierzu Kapitel 7.2.1.

7 Putzgestaltung im Wandel der Zeit

Die Oberflächengestaltung von Putzmörteln ist so vielfältig, dass sie im Rahmen dieser Publikation nicht abgehandelt werden kann. Die Entwicklung der zahlreichen Gestaltungsprinzipien ist ein ganz eigenes kunstwissenschaftliches Thema. Es sei in dem Zusammenhang auf die wertvolle Publikation von Jürgen Pursche hingewiesen, die dieses Thema sehr anschaulich behandelt.[61]

Hier können nur anhand einer kleinen Auswahl aus der fast unerschöpflichen Vielfalt der Gestaltungsmöglichkeiten einige Grundprinzipien aufgezeigt werden. Mit diesen Beispielen soll vor allem der Blick auf die oft unterschätzten Gestaltungen mit oder auf Putz geschärft und somit die Akzeptanz für konservierende Maßnahmen wieder ins Blickfeld gerückt werden.

Denn, um es mit den Worten von Jürgen Pursche zu sagen: »*Verputz mit bzw. ohne Farbfassung tritt als ein künstlerisches Ausdrucksmittel in der Architektur an die Stelle der Malschicht eines Bildes – streng genommen gleicht die Eliminierung ursprünglicher Putz- und Farbgestaltungen dem ›Abkratzen‹ der Farbschichten eines Bildes, um die Struktur der Leinwand sehen zu lassen.*«[62]

Putzmörtel ist also sowohl Gestaltungsmaterial als auch Trägerfläche für Farbfassungen am und im Bauwerk. In ihm spiegelt sich der Wandel von Herstellungstechnologien, Moden und regionalen Vorlieben wider. Gezielt wird er auch für repräsentative Zwecke eingesetzt. An vielen Bauwerken, wie zum Beispiel am Humpis-Quartier in Ravensburg, lässt sich beobachten, dass über lange Zeit und bis in das 20. Jahrhundert hinein die Fassade zur Straße aufwendiger und sorg-

61 Pursche 2003, S. 5–28
62 Pursche 2003, S. 13

fältiger bearbeitet und behandelt wurde, als die eher untergeordneten Rückseiten eines Gebäudes.

Die großen Variationsmöglichkeiten der Mörtelherstellung sind nicht zuletzt geprägt durch eine große Farbenvielfalt, durch mannigfache Zuschlagstoffe und ganz unterschiedliche Applikationstechniken sowie Oberflächenbearbeitungen. Daraus resultieren zahlreiche Gestaltungs- und Dekorationsformen, die zum einen allein durch den Putz, seine Eigenfarbigkeit und die individuelle Bearbeitung seiner Oberfläche und zum anderen durch mono- und polychrome Fassungen geprägt werden, immer auch im Kontext des jeweiligen Zeitgeschmacks. Mit und auf Putz konnte einer Fassade oder einem Innenraum jedes beliebige Aussehen verliehen werden, denke man nur an die steinimitierenden Rustizierungen, aufwendige Malereien, Materialimitationen und vieles mehr.

7.1 Materialimitationen mit Putzmörtel

»Mehr Schein als Sein«, ein Motto, das sich durch alle Lebensbelange des 17. und 18. Jahrhunderts zieht und natürlich auch vor Fassaden- und der Innenraumgestaltungen nicht Halt gemacht hat. Materialimitationen erfreuen sich vor allem in der Barockzeit einer großen Beliebtheit. Techniken werden perfektioniert und manch eine Oberflächenimitation ist kaum mehr vom Original zu unterscheiden. Da die Variationsbreite sehr groß ist, würde es hier zu weit führen, all die Möglichkeiten aufzuzeigen – daher sollen nur einige wenige verbreitete Varianten der Fassaden- oder Innenraumgestaltungen aufgeführt werden.

Die Imitation von Stein ist ein wichtiger Gestaltungsaspekt bei der Verwendung von Putzmörtel. Durch das Durchfärben von Putzen ließen sich Oberflächen erzeugen, die das Aussehen von wertvollen Steinarten oder Steinfarben erhielten. Mit solchen Putzen, die meist als Rustika verarbeitet waren, täuschte man edle Steinfassaden vor und kaschierte so einfaches Baumaterial. Pursche zitiert dazu in seinem Aufsatz zu Architekturoberflächen den Augsburger Baumeister Elias Holl (1573–1646): » *Eynem Sondern Bewurff so steinfarb geferbt wirdt*«. Weiter führt er aus, dass bei Untersuchungen während der Fassadeninstandsetzungen an Bauten von Holl tatsächlich nachgewiesen werden konnte, dass dem grüngrau durchgefärbten Putzmörtel Holzkohle und Ockerpigment zugesetzt worden waren.[63]

63 Pursche 2003, S.13

Aber nicht nur die Farbe von Stein wurde imitiert, sondern auch seine Form. Die Vortäuschung eines Natursteinmauerwerks in Form einer sogenannten Flächenrustizierung, also der Modellierung eines kompletten Mauerwerksverbands mit Putzmörtel, war eine ebenso beliebte und verbreitete Gestaltungsweise. Sie konnte sich auf ganze Fassadenflächen, aber auch nur auf einzelne Bereiche beziehen, wie Ecklisenen, Pilaster, Sockel oder Gewände (Bild 69).

Der Putzmörtel wird für eine Rustika in mehreren Lagen und oft auch mit unterschiedlichen Körnungen aufgetragen. Die Variantenbreite ist auch dafür wieder sehr groß. Zusätzlich konnten die Oberflächen auch noch mit einem Anstrich oder Applikationen versehen werden. Mit dem Aufkommen von Zementen im 19. und 20. Jahrhundert wurde dann die Rustika teilweise im Gussverfahren und mit steinmetzmäßiger Oberflächenbearbeitung als sogenannter Steinputz weiterentwickelt. Aus dieser Zeit gibt es auch vermehrt Schäden an Fassaden, die durch falsch verwendete Materialien entstanden sind, zum Beispiel Zementputz auf Kalkputz (Bild 70 und Bild 71).

Bild 69 Ansicht des Kirchgangs von Schloss Wolfegg mit originaler Putzfassade aus dem späten 19. Jahrhundert

Bild 70 Rustika im Sockel aus glattem und sehr grobkörnigem Verputz, gebunden mit Zement; die glatte Rahmung dazwischen ist aus einem Kalk-Zement-Putz mit Hüttensand hergestellt

Bild 71 Rustika-Grundputz aus weichem Kalkmörtel: Hier ist der Rustikaputz aufgrund der bauzeitlich falsch verwendeten Materialien (Zement und Kalk) vollständig abgefallen.

7.1.1 Glanzputz

Die Nachahmung einer geschliffenen und polierten weißen Marmoroberfläche durch einen glänzenden Putz, den *stucco marmorino* bzw. *stucco veneziano*, soll ebenfalls noch Erwähnung finden. Diese Glanzputztechnik wurde ab der Mitte des 15. Jahrhunderts in Venedig angewendet. Ähnliche Effekte erreicht man auch mit dem *stucco lucido* (glänzender) oder *stucco lustro* (spiegelnder), der jedoch zusätzlich noch farbig gestaltet oder mit Malerei versehen sein kann.

Eine Marmorimitation wird erreicht, indem auf die letzte dünne und noch frische Putzmörtelschicht aus Sumpfkalk und Marmormehl eine Malschicht aufgetragen wird. Durch das mechanische Verdichten mit geschmiedeten, schweren Zungenkellen und dem Auftrag von Seife entsteht eine wasserunlösliche, polierbare Kalkseifenverbindung, bei der sich ein seidenartiger Glanzeffekt einstellt. Mit heutigen Kellen, die nur ein dünnes, meist scharfkantiges Blatt besitzen, ist das Verdichten weniger gut möglich, da man eher Kratzer in der Oberfläche erzeugt. Die geschmiedete Kelle besitzt ein dickes Blatt mit abgerundeten Kanten und funktioniert erfahrungsgemäß am besten.

Über die Stuccolustro-Technik, die Anfang des 19. Jahrhunderts durch die Ausgrabungen in Pompeji und Herculaneum neu entdeckt wurde, entbrennt ein eingehender Streit, da manche die Herstellungsart in einer Secco-Malerei (d.h. einer Malerei auf abgebundenem, trockenem Putz) und Enkaustiktechnik vermuten, bei der die bemalte Wand nachträglich mit erhitztem Wachs eingelassen wird, was sich heute noch bei einigen Rezepten und Anweisungen im warmen Aufbügeln von Wachs auf die Stuccolustro-Oberfläche niederschlägt.

Eine Imitationstechnik, die noch heute fasziniert und in diesem Kapitel nicht fehlen darf, ist die Gestaltung ganzer Raumschalen in Schlössern und Ausstattungen in Kirchen mit Stuckmarmor sowie daraus hergestellten Intarsienarbeiten in Form von Scagliola (Bild 72, Bild 73 und Bild 74). Stuckmarmor besteht aus Gipsmörtel und Zusatzstoffen, Zusatzmitteln, Pigmenten und Farbmitteln. Ziel dieser Technik war die naturgetreue Nachbildung von wertvollen Marmorarten und auch bestimmten Materialoberflächen. Die Stuckmarmor- und Scagliolatechnik reicht zeitlich weit zurück und ist so breit gefächert, dass bis heute über die Ursprünge nur spekuliert werden kann. Verschiedene Autoren sehen die Ursprünge bereits in der Antike und später in frühmittelalterlichen Hochbrandgipsfußböden, die Intarsien mit eingefärbten Gipsmassen aufweisen. Eine Begrenzung der Entstehung auf Süddeutschland gilt mittlerweile als widerlegt, zumal sich die schaffensreichste Region für Scagliolaarbeiten in der Emilia-Romagna befand, in der auch ausreichende Rohstoffvorkommen an Gips zur Verfügung standen.[64] In ihrer Blütezeit im Barock und Rokoko waren spezielle Marmoristen mit der Überziehung und Veredelung von ganzen Raumausstattungen beschäftigt.

Bild 72 Stuckmarmorverkleidung im Eingang einer Villa in Stuttgart von 1909

64 Wedekind 2010, S. 213–221

Bild 73 Detail der Stuckmarmorverkleidung

Bild 74 Stuckmarmorfragment mit dünner Stuckmarmorschicht und einem Grundputz aus Gipskalkmörtel

Die verschiedenen Herstellungs- und Werktechniken waren dabei immer ein gut gehütetes Geheimnis, ebenso wie das Polieren der Stuckmarmorflächen mit verschiedenen Steinen, die den speziellen Glanzcharakter der Oberflächen ausmachen (Bild 75). Die Beschreibung der Techniken der Stuckmarmorherstellung und der verschiedenen Methoden zur Erzielung eines bestimmten Glanzgrades stellt einen separaten Themenbereich dar, dem man ein eigenes Buch widmen könnte.

Bild 75 Steine zum Polieren von Stuckmarmor

7.1.2 Durchgefärbte und ornamentierte Putze

Die Tradition der Putzmörteleinfärbung ist lang. Dabei haben sich die Intentionen, warum ein Putzmörtel durchgefärbt wurde, im Laufe der Zeit aber durchaus auch verändert und blieben nicht ausschließlich auf die Gestaltung bezogen.

Betrachtet man Fassaden des 19. Jahrhunderts, findet man gelegentlich noch sehr kräftig farbige Putzflächen, die zumeist als feine Besenwürfe oder Spritzputze auf die ganze Fläche aufgetragen worden sind. Da historische Putze leider nach wie vor als eine jederzeit austauschbare Verschleißschicht angesehen werden, fielen solche stark farbigen Putze, die sich im Laufe der Zeit durch Verschmutzungen und Schäden unschön verändert haben, bei Renovierungen fast immer einer Erneuerung zum Opfer – und das nicht erst seit heute. Daher ist diese möglicherweise einst sehr verbreitete Gestaltungsform an Fassaden mittlerweile eine Rarität.

Am Humpis-Quartier in Ravensburg konnten bei der Voruntersuchung an fast allen Außenfassaden stark durchgefärbte Besenwürfe in Rot, Ocker, Rosa oder sogar Schwarz aus dem späten 19. Jahrhundert nachgewiesen werden. Sie waren aber alle bereits seit der Mitte des 20. Jahrhundert überstrichen oder überputzt worden. Eine der Fassaden wurde im Zuge des Museumsumbaus wieder freigelegt und restauriert. Auch wenn sie heute nicht wie eine neue Fassade daherkommt, sondern mit all ihren Alterungsspuren zu sehen ist, gibt sie doch einen guten Eindruck wieder, wie kräftig farbig die Fassaden einst waren. Mit etwas Aufmerksamkeit entdeckt man auch heute noch die eine oder andere Fassade mit einem durchgefärbten Putz. Zumindest bei Voruntersuchungen an Fassaden sollte immer auf solche Besonderheiten geachtet werden.

In der historischen Aufnahme in Bild 76 ist noch ein Fassadenputz aus dem 19. Jahrhundert zu sehen, mit ornamentierten Feldern unter den Fenstern. Er bestand aus einem ocker durchgefärbten feinen Besenwurf (Ergebnis von Putzuntersuchungen an Resten unter dem Sichtputz der 1960er-Jahre).

Eine weitere Form der Dekoration von Putzoberflächen ist das Ornamentieren. In einigen Regionen, vor allem in Franken, Thüringen und Hessen, in der Wetterau und der Rhön, aber auch in Brandenburg, Schwaben und in der Niederlausitz, finden sich solche Putzoberflächen gehäuft. Für diese Putze ist heute der Begriff »Ornamentierte Putze« gebräuchlich.[65]

Eine Studie der Universität Bamberg zu Kratzputzen in Oberfranken stellt Projekte, Zielsetzung und Forschungsstand vor.[66] Das Ornamentieren von Putzoberflächen erfolgte durch Ritzen oder Kratzen mit einfachen Ornamenten, Figuren, Blumen, Symbolen etc. Teilweise wurde die Oberfläche dafür auch noch zusätzlich strukturiert und modelliert, zum Beispiel mit kleinen Reisigbündeln gestippt, gestem-

65 Gottschalk, Scherb & Thiersch 2007

66 Wenderoth & Degelmann: URL: https://www.uni-bamberg.de/restaurierungswissenschaft/forschung/aktuelle-forschungsprojekte/kratzputz-in-oberfranken (Stand: 27.09.2022)

pelt, mit Nagelbrettern eingedrückt oder Ähnliches. Konturen konnten zusätzlich durch das Einlegen kleiner schwarzer Steinchen hervorgehoben werden, sodass einfache grafische Formen oder reliefartige flächige Strukturen entstanden, die der Fachwerkfassade in den Gefachen eine eigenwillige Oberflächengestaltung verliehen[67] (Bild 77).

Bild 76 Haus Marktstraße 47, heute Teil des Museums Humpis-Quartier in Ravensburg

Bild 77 Freilichtmuseum Bad Windsheim: Fachwerkbau mit rekonstruierter ornamentierter Putzfläche (Mörtelseminar 2008)

7.1.3 Edelputze und Steinputze

Mit dem Aufblühen der Industrialisierung im 19. Jahrhundert setzt eine Weiterentwicklung der Baustoffe und speziell auch der Putzmörtel ein. Diese Entwicklung reicht bis in die Gegenwart und hat für besondere Gestaltungsformen nach wie vor Bedeutung. Die Edelputze und Steinputze, die dafür verwendet worden sind, seien daher an dieser Stelle mit erwähnt.

Mit der Einführung der Zemente als Bindemittel kam es in den Anfängen immer wieder zu Problemen bei der Anwendung und Verarbeitung. Man kannte die Aus-

67 Scherb & Stein 2019

wirkung der chemischen und physikalischen Eigenheiten des neuen Materials in Bezug auf herkömmliche Baustoffe wie den Kalkmörtel noch nicht gut genug. Die neuen Materialien setzten neue Formen der Verarbeitung und Handhabung voraus, was nach und nach zu einem Bruch mit herkömmlichen handwerklichen Traditionen im Umgang mit traditionellen Bindemitteln führte. Es ergab sich also die Notwendigkeit einer praktischen Handlungsempfehlung für die Verarbeitung sowohl der traditionellen als auch der neu entwickelten Putzmörtel zu erarbeiten, womit die häufig auftretenden Putzschäden an Fassaden durch Verarbeitungsfehler vermieden werden sollten. Vom Deutschen Institut für Normung (DIN), das 1917 unter dem Namen »Normenausschuss der deutschen Industrie« als eingetragener Verein gegründet worden war, wurde 1955 die erste deutsche Putznorm DIN 18550 herausgegeben. Diese legte unter anderem fest, dass ein Oberputz nicht fester als der Unterputz sein darf und dass der Unterputz rau und noch genügend feucht sein muss, bevor ein Oberputz aufgebracht wird etc. Eine Anwendung von DIN-Normen auf alte Bauwerke ist oftmals nicht möglich, weil sie nicht nach diesen Vorschriften errichtet wurden. Es sollte stets beachtet werden, dass DIN-Normen keine Rechtsnormen darstellen, sondern »private technische Regelungen mit Empfehlungscharakter sind. Sie können die anerkannten Regeln der Technik wiedergeben oder hinter diesen zurückbleiben.«[68]

Der eigentliche Weg zum Edelputz begann bereits 1884 als F.A. Binder eine Polychrom-Cement-Fabrik in Köln betrieb und »Cement in allen Sandsteinfarben für Verputz und Verfugung« herstellte. Er setzte einem Zuschlagsgemisch aus scharfem Bimsstein, das er *»mit besten Mineralfarben färbt«*, in einem bestimmten Verhältnis Portland-Cement zu.[69] Durch den Portlandzement hatte dieser Verputz jedoch tendenziell immer eine graue Eigenfarbigkeit. Erst durch eine Weiterentwicklung durch Carl August Kapferer und Wilhelm Schleuning gelang es 1893, einen »Trockenmörtel« herzustellen, dem man nur noch Wasser zusetzen musste. Dieses Material kam als sogenannter Terranova-Putz auf den Markt (nach dem Firmennamen »Terranova-Industrie« mit Sitz in Freihung in der Oberpfalz).

Nun war es möglich, Kalkhydrat in Pulverform herzustellen, das die Bindemittelgrundlage des neuen Trockenmörtels war. Jedoch blieben die genauen Zusammensetzungen der Fertigmörtel Firmengeheimnis. Vermutlich wurde dem Mörtel oft Weiß-Zement oder hydraulischer Kalk zugesetzt, später kamen neben den Steinmehlen, -sanden und lichtechten Pigmenten noch wasserabweisende Zusätze, wie »Ceresit« (von Hans Wunner 1898 als erstes bituminöses Abdich-

68 BGH, Urteil vom 14. Mai 1998, Az. VII ZR 184/97

69 Thonindustrie Zeitung 1892, S. 756

tungsmaterial zur Herstellung wasserdichter Zementmörtel entwickelt) hinzu.[70] Die Bezeichnung »Edelputz«, eigentlich von der »Terrasit-Industrie G.m.b.H.«, dem Konkurrenzunternehmen in Berlin, eingeführt, wurde in der Folgezeit zum Gattungsnamen aller farbigen Putzmörtel, die fertig gemischt als Sackware erhältlich waren (Bild 78 und Bild 79). Neben Terranova und Terrasit kamen in der Folgezeit weitere Markennamen hinzu, wie Grana, Montenova, Marmorit, Dolomit, Silin, Calcinova und viele weitere. Aus Vermarktungsgründen wurden diese trockenen Mischungen aus Bindemitteln, Zuschlagstoffen und Pigmenten je nach Herstellerfirma mit eigenen Namenskreationen versehen, wie aus einer Werbebroschüre für den »Deutschen Edelputz«[71] hervorgeht, zum Beispiel Messelputz, Münchner Rauputz oder Waschputz. Bei Letzterem wird die angezogene Mörteloberfläche mit der Bürste abgewaschen, sodass die Zuschlagskörnung zum Vorschein kommt (Bild 80).

Bild 78 Edelputz aus der Werbebroschüre

Bild 79 Terrasit-Katalog

Bild 80 Waschputz

Neben den Edelputzen kamen zur gleichen Zeit auch noch sogenannte Steinputze auf den Markt, die eine besonders hohe Festigkeit aufgrund des verwendeten Portlandzements erreichten. Ihre Oberfläche musste aufgrund der Festigkeit steinmetzartig bearbeitet werden, sodass sie für die Imitationen von unterschiedlichsten Natursteinoberflächen eingesetzt werden konnten. Während Steinputze gegenwärtig nicht mehr ausgeführt werden, da der arbeitstechnische Aufwand zu zeitintensiv ist, werden die Edelputze bis heute meist in Form von Scheiben- bzw. Strukturputz (vereinzelt auch noch Kratzputze) verwendet.

70 Lietz 2013, S. 2
71 Siedler o.J.

7.2 Gestaltungen der Oberfläche

7.2.1 Sgraffito

Eine der ältesten Gestaltungsformen mit Putzmörtel ist die Sgraffito-Technik. Man könnte die Anfänge dieser Technik bereits im Mittelalter in den einfachen Ritzungen für Quaderungen im Putz sehen. Die eigentliche Technik entwickelte sich etwa ab der Mitte des 14. Jahrhunderts in Italien und verbreitete sich danach im übrigen Europa. In der Renaissance ist sie in ihrer Blütezeit angekommen. Anfangs waren die Formen noch einfach, es dominierten geometrische Muster. Später wurde die Gestaltung reichhaltiger, mit Blumen- und Rankenwerk bis hin zu aufwendiger Ornamentierung oder figürlichen Darstellungen.

Bei dem italienischen Architekturtheoretiker Leon Battista Alberti (1404–1472), wurde die Technik noch *albaria insignita* (eingezeichneter Putz) genannt, da sie einem Grenzbereich zwischen Architekturdekoration, Malerei und Zeichnung angehört. Erst unter Giorgio Vasari (1511–1574), der die Technik 1568 als »Degli sgraffiti delle case« bezeichnet, wurde der Begriff »Sgraffito« geprägt, von *sgraffiare* oder *graffiare* – eigentlich »zerkratzen« (Bild 81).

Auf den 1 bis 2 cm dick angetragenen Unterputz aus Kalkmörtel (*rinzaffo / arriccio*), der mit der Kelle begradigt wurde, folgte eine weitere Lage als *intonaco / malta colorata*, die mit einem grau durchgefärbten Kalkmörtel mit Zugabe fein gemahlener Holzkohle und Pflanzenschwarz in einer Schichtdicke von 0,5 bis 1 cm angeworfen und mit einem Holzbrettchen (*assicella / pialetto*) abgerieben und abschließend geglättet wurde.

Rinzaffo oder *intonaco arricciato* bedeutet wörtlich »gekräuselter Putz« und bezeichnet eine raue Putzmörteloberfläche, die dementsprechend mit gröberem Zuschlag hergestellt werden musste. Die Schicht für den Malereiauftrag wird auch als *intonaco pittorico* bezeichnet und bestand aus einem feinkörnigen Putzmörtel.

Bild 81 Sgraffito-Fassade aus dem Jahr 1557 in der historischen Altstadt von Prachatice, Böhmen

Die letzte Schicht bestand aus einem oder mehreren weißen Anstrichen mit Sumpfkalk. Durch Einritzen mit einem Metallwerkzeug *ferro* bis auf die grau gefärbte Putzmörtelschicht wurden Ornamente und figürliche Darstellungen erzeugt.[72]

Diese Kratzputztechnik hat die unterschiedlichen Gestaltungsmoden an Fassaden überdauert und war nie wirklich verschwunden. Sie wurde im 19. Jahrhundert als »Sgraffito-Malerei« wieder aufgegriffen und, da man den grellen Gegensatz von Weiß und Schwarz vermeiden wollte, in anderen Farben ausgeführt. Seit der Mitte des 20. Jahrhunderts erfreut sich diese Technik in der monumentalen Fassadengestaltung wieder einer wachsenden Beliebtheit (Bild 82 und Bild 83). Heute werden von den Putzherstellern verschiedenfarbige Trockenmörtel als »Kratzputz« angeboten, die jedoch mit der historischen Sgraffito-Technik nicht verwechselt werden dürfen. Die Kratzputztechnik bzw. »Sgraffito-Malerei« hat so bis heute, wenn auch in abgewandelter Form, bedingt durch die Verwendung anderer Materialien, als künstlerisches Gestaltungselement für die Fassaden nicht an Bedeutung verloren.

72 Huth 2014, S. 5–28

Bild 82 Sgraffito an der katholischen Kirche in Gemmrigheim von 1955

Bild 83 Detail zu Bild 82 – ausgekratzte Schichten

7.2.2 Fresko- und Secco-Malerei

Eine Gestaltung, die mit dem Kalkputzmörtel unmittelbar in Zusammenhang gebracht werden kann, ist das Fresko. Bei der Fresko-Malerei findet der Malprozess auf der noch nicht vollständig abgebunden Putzmörteloberfläche statt, sodass die Pigmente in die sich bildenden Calciumcarbonatkristalle des Kalkmörtels eingebettet und durch den weiteren Prozess der Carbonatisierung bis zur vollständigen Erhärtung sehr dauerhaft werden. Es entstehen so Wandmalereien von großer farblicher Brillanz und Haltbarkeit.

Wichtige Voraussetzung für diese Malweise ist die Verwendung von kalkechten Pigmenten und die richtige Herstellungs- bzw. Aufbauweise des zu bemalenden Putzmörtels.

Vereinfacht beschrieben benötigt ein Fresko zuerst einen grobkörnigen Unter- oder Grundputz *arriccio*), auf den eine weitere dünnere Putzmörtellage, der *intonaco*, folgt. Bereits auf dem Unterputz bringt der Künstler seine Vorzeichnung, die *Sinopia*, an. Sie dient als Grundlage für die malerische Komposition. Die folgende feinkörnigere Intonaco-Schicht wird nur in dem Umfang aufgetragen, wie der Maler zeitlich in der Lage ist, diese in frischem Zustand zu bemalen. Die einzelnen Putzmörtelaufträge nennt man daher auch Tagwerke. So reiht sich am Schluss Tagwerk an Tagwerk und das Bildwerk wächst zusammen. An manchen Fresken sind die Tagwerksgrenzen gut sichtbar und der Malprozess ist nachvollziehbar. Es gibt jedoch auch Fresken, an denen sich die Tagwerke kaum oder gar nicht markieren. Die einzelnen Putzschichten unterscheiden sich in ihrer Zusammensetzung und werden nach oben hin immer feiner, was für einen Malgrund wichtig ist.

Für eine vertiefte Auseinandersetzung mit der Geschichte und Technik von Fresko-Malerei sei die Onlineplattform des Reallexikons zur Deutschen Kunstgeschichte (RDK-Labor) empfohlen, das vom Zentralinstitut für Kunstgeschichte (ZI) in München herausgegeben wird.[73]

Die freskale Bindung kann man sich jedoch nicht nur für die Malerei zunutze machen. Auch für die einfache Kalktünche gilt, wenn sie auf den noch nicht carbonatisierten Putzmörtel aufgetragen wird, dass sie freskal abbindet und so zu einem leuchtenden und dauerhaften Anstrich wird.

73 Autenrieth, Koller, Wipfler: Fresko, Freskenmalerei. URL: https://www.rdklabor.de/wiki/Fresko,_Freskomalerei (Stand: 27.09.2022)

Im Gegensatz dazu wird die Bemalung auf eine bereits erhärtete und meist schon weiß getünchte Putzschicht Secco-Malerei genannt. Hier ist die Gestaltung völlig unabhängig vom Abbinde- und Erhärtungszustand des Putzmörtels und kann auch noch Jahre später ausgeführt werden. Umgangssprachlich werden diese Wandmalereien leider oft als Fresken bezeichnet, obwohl sie der Technik nach keine Fresken sind.

Mittelalterliche Dekorationsmalereien an Fassaden wurden so gut wie immer in Secco-Technik ausgeführt und waren meist sehr einfach und nicht sehr vielfarbig. Seit der Renaissance und vor allem im Barock nimmt die Dekorationsbemalung von vollständig verputzten Fassaden eine bedeutende Rolle ein. Illusionistische Gestaltungen, zum Beispiel die sogenannte Trompe-l'Œil-Malerei (deutsch: »täusche das Auge«), werden beliebt und finden sich auch in Innenräumen und Sakralbauten.

Üblich waren oft Quaderbemalungen in unterschiedlichster Form meist in Schwarz und / oder Grau und dazu Fenster und Türumrahmen einfach oder aufwendig farbig gestaltet, was von einer einfachen Bänderung bis hin zu aufwendigem Roll- und Beschlagwerk variieren konnte, je nach Bedeutung des Gebäudes und der jeweiligen Mode (Bild 84).

Bild 84 Das Lederhaus Ravensburg: Renaissancefassade mit Bemalungen um Fenster und Türen von 1574

Auch Fachwerkbauten wurden farbig reich verziert (Bild 85 und Bild 86), wie schon in Kapitel 7.1.2 über ornamentierte Putze zu lesen war. Neben den Gefachen bekommt vor allem das Holz einen Anstrich. Dieser Anstrich wird fast immer auf die Gefache gezogen (das manchmal recht unregelmäßige Balkenwerk wird so vereinheitlicht und begradigt), mit Begleitbändern und Eckverzierungen versehen, sodass der Eindruck von profilierten Kassetten entstehen kann.[74] Putzfassaden verzierte man vor allem ab dem 19. Jahrhundert auch gern mit Schablonenmustern (Bild 87 und Bild 88).

Bild 85 Bemalte Fachwerkwand (Secco-Technik im Innenraum) aus dem 16. Jahrhundert

Bild 86 Detail zu Bild 85: Windhund; die gelben Farbreste am Rand geben an, welche Farbe das Holzwerk ursprünglich hatte. Es war ockerfarben gestrichen.

74 Cramer 1990, S. 111ff

Bild 87 Fassade der Turnhalle (Seeschulen Überlingen) mit Schablonenfries aus dem späten 19. Jahrhundert

Bild 88 Detail des Frieses nach der Restaurierung

7.2.3 Malmittel – Pigmente

Für die Haltbarkeit von Wandgemälden allgemein und besonders für die Fresko-Technik war es wichtig, dass kalkechte Pigmente verwendet wurden. Diese Pigmente verändern ihre Farbe durch das alkalische Bindemittel oder den alkalischen Untergrund nicht.

Bis zum Beginn der industriellen Produktion von Pigmenten im 19. Jahrhundert war die Palette an verwendbaren Farben überschaubar und über einen sehr langen Zeitraum hinweg gleich. Die ältesten Pigmente sind bereits seit der Steinzeit verwendete Ocker. Erdfarben in allen Farbnuancen von Gelb über Rot und Grün bis tief Dunkelbraun. Sie finden sich praktisch auf jedem Wandbild, sei es rein oder in Ausmischungen mit anderen Farben, und werden bis heute verwendet. Auch Schwarz aus unterschiedlichster Herstellung war ein beliebtes Pigment für einfache Wandgestaltungen, zum Beispiel Eckquaderbemalungen, Fenster- und Türeinfassungen und Ornamente, wie Roll- und Beschlagwerk. Von Ruß über Holzkohle, Reb- oder Kernschwarz standen viele Pigmentvarianten zur Verfügung, die alle einfach in der Herstellung und somit auch sehr billig waren (Bild 89).

Bild 89 Quaderbemalung an einem Kirchturm

Zu den sehr leuchtenden natürlichen und kalkechten Pigmenten zählen Azurit, das sehr teure Lapislazuli, Malachit und der natürliche Bergzinnober. Lapislazuli ist ein metamorphes Gestein unterschiedlicher Zusammensetzung. Das Mineral Lasurit kann Pyrit, Calcit, Diopsid, Sodalitz und vieles mehr enthalten, es hat eine leuchtend blaue Farbe. Azurit und Malachit sind basische Kupfercarbonate, die als Mineral oft gemeinsam an einem Ort vorkommen. Zinnober oder Cinnabarit ist ein Quecksilbersulfid-Mineral.

Diese Pigmente waren jedoch sehr aufwendig in der Herstellung und dadurch sehr teuer. Für einfache Dekorationsbemalungen kamen sie daher eher nicht infrage.

Zu den künstlichen Pigmenten zählt man die Farben, die entweder speziell als Pigmente zum Malen oder Anstreichen hergestellt wurden oder als Abfallprodukte anderer Herstellungsprozesse übrig blieben. So kamen im Laufe der Zeit immer wieder neue hinzu. Smalte, ein blaues Kobaltpigment, gehört dabei zu den ältesten. Auch Zinnober wurde bereits früh künstlich hergestellt, er steht in der Farbigkeit dem echten Bergzinnober in nichts nach.[75] *Caput mortuum* dagegen, ein im Farbton dem Hämatit (Blutstein) vergleichbares Pigment, ist ein Abfallprodukt der Alchemie, das bei der »Destillation von Salpeterspiritus«[76] im Kolben übrig blieb. Es fiel im 18. Jahrhundert offenbar in solchen Mengen an, dass es sogar als Zugabe für den Mörtel oder zum Auszieren der Blumenbeete verwendet wurde.[77] Unter den künstlichen blauen Pigmenten ist die Auswahl nicht groß. Neben der schon genannten Smalte findet sich das für die Wandmalerei bisher wohl eher weniger

75 Resenberg 2005
76 Marquer 1768, S. 575
77 Marinowitz 2019, S. 522

beachtete Pigment Kupfer-Calcium-Acetat, ein künstliches Blaupigment, das auch als »Lazur« bezeichnet wurde.[78]

7.2.4 Bindemittel

Für die Secco-Malerei konnten die Pigmente für Bemalungen der Fassade in Kasein, Kalkmilch oder -wasser und in Gemischen angerührt und vermalt werden. In Innenräumen finden sich dann auch oft Malereien und Dekorationen, bei denen die Pigmente mit Knochenleim, Kasein und Bindemittelgemischen mit Öl gebunden wurden.

Organische Bindemittel unterliegen sehr stark einer Alterung und ihr Nachweis ist oft nicht sehr einfach möglich. Auch gibt es bis heute sehr wenige Pigment- und Bindemitteluntersuchungen zu einfachen Dekorationsmalereien an Fassaden. Es kann daher nur allgemein ausgesagt werden, wie die Pigmente einer Secco-Malerei gebunden sein können.

78 Wunderlich 1998, S. 22–25

8 Der Stuck

Mit Stuck verbinden sich heute viele unterschiedliche Vorstellungen. Zum einen ist Stuck in der modernen Handwerkswelt im Ausbaugewerbe des Stuckateurs etabliert, und zum anderen kennen wir die reich dekorierten barocken Schlösser und Kirchen mit ihren fast schon überladenen Raumausstattungen. Im Folgenden geht es vor allem um den Stuck als eigenständige Kunstgattung. In der jüngeren Vergangenheit ist die Wertschätzung dieser Kunst verloren gegangen, was sich in der Konservierung und Restaurierung leider sehr oft negativ bemerkbar macht.

Zum Stuck, der bisher meist nur als Dekorationsstil angesprochen worden ist, wurden von Dr. Barbara Rinn-Kupka erstmals in jüngerer Zeit umfangreiche Forschungsergebnisse und Beispiele zusammengetragen und 2018 in einem Buch veröffentlicht.[79]

8.1 Stuck – Begriff und Bedeutung

Der heutige Begriff »Stuck« und was wir darunter verstehen, hat eine lange Geschichte. Während der römische Militärtechniker und Ingenieur Vitruv im zehnten Band seiner *De architectura*[80], dem einzigen bis heute erhalten gebliebenen Werk der antiken Architekturtheorie, die Bezeichnung *opus albarium* (*opus* – das Werk, *alba* – weiß) benutzte, formte sich in der italienischen Renaissance aus dem Lehnwort *stucchi* für »Kruste« der Begriff *stucco*.

79 Rinn-Kupka 2018

80 Marcus Vitruvius Pollio (um 84 v. Chr. – um 27 v. Chr.)

Ursprünglich verstand man darunter einen Kalkmörtel mit bestimmten Zuschlägen, mit dem man weiße marmorartige Oberflächen herstellen konnte. Das Material und seine Herstellung wird in einer Quelle aus dem frühen 16. Jahrhundert beschrieben: »*was die Italianer solcher Materi in den alten antiquitete finden / nennen sie Stuchum / und pflegen etliche solche auch zu machen und selber zu bereiten Marbelsteinen stücklein rein zu pulver zerstossen in eysen Morsern / un auffs aller subtilist durch gesiben oder geredt mit kalck vermischet / zu solcher arbeit zu brauchen / und was man will davon zu formiren / so man aber solches in sonderheit schöner und von besserem glantz haben will / ist besser das man an stat des Marbelsteins Kißlingstein neme auß flissende wasser die aller weissisten so man finden mag / unnd allermeist die so durchscheinendt sind*«[81].

Im Deutschen kam es begrifflich zu Überschneidungen mit der Plastik, die seit dem Mittelalter für geformte Bildnisse aus dem Material Gips steht, was später dazu führte, dass der für Stuck eingesetzte Mörtel äquivalent aus Kalk und Gips oder beidem bestehen kann.

Der Begriff »Stuck« für das eigentliche Werk- oder Arbeitsstück, das aus Mörtel hergestellt wird, etablierte sich erst im 18. Jahrhundert. Aus Zier, Verzierung oder Zierat, also der kunstvollen Form, die zur Verschönerung einer Sache dient, werden nun der »Stuck« und die »Stuckatur«.

In direkter Anlehnung an *stucco* formte sich im Laufe des 17. Jahrhunderts die Berufsbezeichnung »Stuccat(h)or« oder »Stuckat(h)or», woraus am Ende des 18. Jahrhunderts der »Stukkateur« oder »Stuckateur« wird, ein freier Künstler, der nicht den zunftpflichtigen Handwerksberufen unterlag.

Heute sollte unter dem Begriff »Stuck« die künstlerische plastische Ausarbeitung von Mörteln nicht nur in einer Ebene, sondern auch in den Raum verstanden werden. Der Mörtel ist das Medium, mit dem greifbar ein dreidimensionales und realistisches Werk geschaffen werden kann, ähnlich den bildlichen Darstellungen in der Malerei. Die Stuckatur darf daher nicht nur als Beiwerk zur Architektur, als Ornament, Rahmung, Bauschmuck oder Dekoration gesehen werden, sondern sollte als eigenständige Kunstgattung Anerkennung finden.

81 Ryff 1548, Von der Architectur / das I. Cap. S. X XII

8.2 Die Stuckhersteller – Entstehung eines Berufs

Über die ersten Stuckhersteller, die sich in der frühen Neuzeit als Handwerker und Künstler für Arbeiten am Bau etablierten, ist sehr wenig bekannt. Wahrscheinlich wurden sie von Architekten und Baumeistern für damals moderne Bauprojekte aufgrund von Empfehlungen anderer hinzugezogen und wanderten so mit ihrer Werkstatt durch ganz Europa.

Nicht auszuschließen ist, dass sich zunftpflichtige Handwerker, wie Häfner (Ofensetzer oder Töpfer), Bossierer (Modellbauer), Bildschnitzer und Formschneider, aber auch Tüncher und Maurer an der Ausführung von Stuckaturen beteiligten.

Auch für bedeutende Bauwerke sind heute oft nur noch die Namen der ausführenden Baumeister bekannt. Die Verantwortlichen für Stuckarbeiten dagegen blieben anonym und wurden wie beim Bau der Stadtresidenz in Landshut (1536–1542) nur als *»welsche Drucker«*bezeichnet. Das Wort »Drucker« weist auf eine wörtliche Übersetzung aus dem Italienischen hin. *Stampa di stucco* und *stucco fatto a mano* sind die dortigen Bezeichnungen für Modelstuck und frei angetragenen Stuck.[82]

Ein eindrückliches Zeugnis über das »neue Handwerk«, dessen man sich für die Gestaltung nun gern bediente, gibt Aberlin Tretsch (um 1500–1577), der Baumeister Herzog Christophs von Württemberg. Er berichtet in einer Notiz von 1561: *»Das Gypserhandwerk ist bei uns in Deutschland ein neu Handwerk; ist wohl vor 20 Jahren – also ums Jahr 1540 – bei Eurer fürstlichen Gnaden Hern Vaters säliger Zeit auf dem Asperg angefangen, ist Meister cunrot Haug* [Konrad Haug], *schreiner von Nürtingen säliger, Ir. Meister gewest, der in Gyps Laubwerk und Bilder gestochen«*.[83]

In der Anfangszeit der Stuckherstellung ist es deshalb nicht verwunderlich, dass die Schöpfer solcher Arbeiten unterschiedliche Berufsbezeichnungen erhielten. Hans Windrauch[84] (1575–1589), der 1586 beim Schlossneubau von Königsberg unter Georg Friedrich I. eingesetzt wurde und neben der Kirche mehrere Räume im Schloss stuckierte, darunter auch den berühmten Hirschsaal[85], wurde als

82 Diemer 1998, S. 207
83 Klemm 1886, S. 30
84 Thieme-Becker 1946, S. 53
85 Ehrenberg 1899, S. 90 ff

»Cementario«[86] bezeichnet, während seine Schüler und Gesellen später als »Kalchschneider« tituliert wurden.

Abgesehen von Rechnungsbelegen, in denen nur die Namen der Meister aufgeführt werden, fehlt auf diesem Gebiet bisher eine eingehende Forschung. Das betrifft vor allem die Untersuchungen über Zuordnungen einzelner Handwerker zu bestimmten Gruppen oder Werkstätten – ein Aspekt, der die Akzeptanz von Stuck als eigenständige Kunstgattung unterstreichen und bereichern würde.

Der niederländische Bildhauer Wilhelm Vernuken (1542–1607) ist einer von wenigen, über den wir erfahren, dass er 1577 an den hessischen Hof kam.[87] Neben Arbeiten in Rotenburg an der Fulda und Kassel sowie in der berühmten Schlosskapelle im thüringischen Schmalkalden (Bild 90) stuckierte er auch die Grabkapelle für Philipp II von Hessen-Rheinfels in der Kirche von St. Goar am Rhein aus (siehe Kapitel 13.2). Gesichert ist, dass Vernuken mit seinen Söhnen und Gesellen tätig war, also eine Werkstatt betrieb, in deren Umfeld auch Stuckdecken in Schmalkalden (Haindorfgasse 16, Steingasse 8) entstanden sein dürften.[88]

Bild 90 Stuck von Vernuken und seiner Werkstatt im Schloss von Schmalkalden

Hans Windrauchs Geselle Gerhardt Schmidt aus Rotenburg / Wümme (tätig bis 1617) ist heute einer der bekanntesten, da er durch einen Mord aktenkundig geworden ist. Er führte mit weiteren Kalkschneidern zahlreiche Arbeiten im Schloss Weikersheim aus. Aus seiner Werkstatt gingen die Gebrüder Heinrich Kuhn (1585–1627) und Hans Kuhn (1592–1632) hervor, die Stuckaturen im Rathaus und in Bürger-

86 Boetticher 1897, S. 80
87 Klapheck 1915, S. 5
88 Scherer 1908, S. 222

häusern von Nürnberg, Bamberg, auf Schloss Hersbruck, Schloss Altenmuhr, der Residenz Hilpoltstein und in der St. Andreaskirche in Düsseldorf ausführten.

Adlige Bauherren vergaben an Bau- und Werkmeister auch Stipendien für Studienreisen, die eine künstlerische Weiterbildung südlich der Alpen ermöglichten.[89] So erhielt zum Beispiel Elias Holl die Möglichkeit, nach Italien zu reisen und dortige Bauwerke zu studieren. Seine Tätigkeit als Baumeister beschränkte sich nicht nur auf die Ausführung von Gebäuden, sondern er wird auch *»als geschickter Stuck- und Terrakottadekorateur«* bezeichnet.[90] Holl berichtet von der Ausstattung eines Gebäudes: *»[…] auch gemelte gäng mit weißer zierlicher arbeit und modelwerckh, wie auch die Dennen. Zue disem werckh habe ich mit aigner Handt die Mödel auß Birnbäumen Holtz gestochen und geschnitzt […]«*[91].

Nach dem Dreißigjährigen Krieg (1618–1648) lag auch die Bauwirtschaft am Boden. Für das Wiederaufleben der Bautätigkeit brauchte man jedoch Arbeiter, Handwerker und entsprechende Künstler. Um Arbeitskräfte zu bekommen, wurde die Einwanderung gestärkt, mit dem Ziel, Spezialisten zum Beispiel aus den Niederlanden, Frankreich oder Italien ins Land zu holen.

Führend auf dem Gebiet des Bauens und der Schaffung von Stuckausstattung wurden die »welschen Compagnien«, die im Frühjahr auf Wanderschaft gingen und im Winter in ihre Heimat zurückkehrten. Sie kamen aus Italien und der Schweiz und wurden meist pauschal nach den Herkunftsorten oder -regionen als Comasker, Tessiner, Graubündner etc. bezeichnet. Durch ausgedehnte verwandtschaftliche und familiäre Bande und die Spezialisierung der einzelnen Mitglieder als Baumeister, Stuckatoren und Maler konnten die Aufträge für Bauwerke und entsprechende Raumkompositionen effizient abgearbeitet werden.

Im Verlauf der über Jahre dauernden Aufträge blieben die ausländischen Stuckatoren und Werkstattmitarbeiter dann auch auf dem Gebiet des heutigen Deutschlands und wurden teilweise sesshaft, wie Eugenio Castelli (geb. 1675 in Lugano, gest. 1761 in Limburg a.d. Lahn), ein Mitglied der weitverzweigten Tessiner Castelli-Familie, der als Stuckator mit seiner Werkstatt hauptsächlich in Hessen und Rheinland-Pfalz an verschiedenen Schlössern, Burgen und Profanbauten arbeitete [92] (Bild 91).

89 Esser 2000, S. 340
90 Baum 1908, S. 5
91 Baum 1908, S. 33
92 Hessische Biografie: URL: https://www.lagis-hessen.de/de/subjects/idrec/sn/bio/id/2232 (Stand: 15.4.2021)

Bild 91 Schloss Langenau an der Lahn, Stuckdecke im Obergeschoss von Eugenio Castelli (um 1720)

Im kirchlichen Bauwesen begann mit dem Bau der Jesuitenkirche in Innsbruck und deren Ausstuckierung von 1633 bis 1637 durch »gypsarii« (siehe Kapitel 2), die in den Baurechnungen namentlich aufgeführt wurden[93], die große Zeit der Wessobrunner. Benannt wurden sie nach der Benediktinerabtei Wessobrunn in Oberbayern, die nordwestlich von Weilheim liegt.[94] Die zuvor als Maurer arbeitenden Handwerker lernten »*die Kunst des Stuckierens, soweit sie nicht selbst nach Italien kamen, in Bayern.*«[95] Der große Erfolg der Wessobrunner gründete sich vermutlich zum einen auf ihrer werkstattinternen guten Ausbildung und der Übernahme des Arbeitsprinzips der »welschen Compagnien«.[96]

In der Folgezeit war die Rolle des betriebsleitenden Stuckators in einer Werkstatt nicht nur auf den Entwurf, die Zeichnungen, den Verkauf und die eigentliche

93 Schnell & Schedler 1988
94 Klebelsberg 1940 / 45, S. 460
95 Klebelsberg 1940/45, S. 461
96 Knapp 1996, S. 28

Stuckausführung beschränkt, sondern er koordinierte auch noch die Gewerke, war Bauleiter und zugleich Werkmeister. Aufgrund dieser Konstellation war es nicht verwunderlich, dass einige Stuckatoren auch in den Rang eines Architekten aufstiegen, wie zum Beispiel Donato Giuseppe Frisoni (1681–1735), der nach dem Tod seines Vorgängers Johann Friedrich Nette 1715 die Planung des Ludwigsburger Schlossbaus fortsetzte (Bild 92).

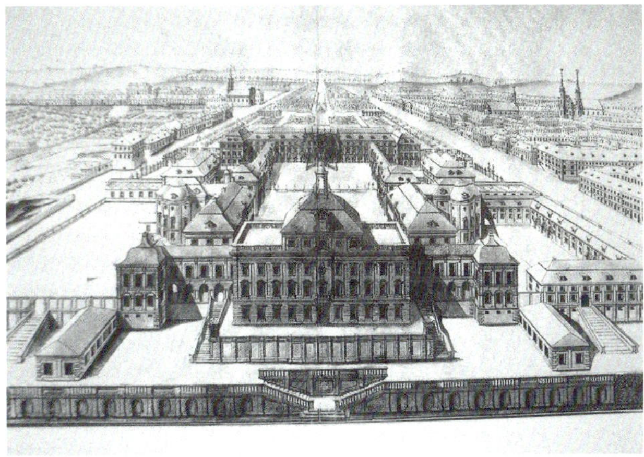

Bild 92 Donato Giuseppe Frisoni, Ansicht des Ludwigsburger Schlosses von Norden, Federzeichnung 1730–33

Im ausgehenden 18. Jahrhundert war der Stuck überall so weit verbreitet, dass nun nicht mehr nur große Werkstätten Aufträge übernahmen, sondern auch selbstständige Stuckatoren und ortsansässige Handwerker auf diesem Gebiet arbeiteten, wie am Pfarrhaus von Dahenfeld, einem kleinen Ort, der zur Stadt Neckarsulm nahe Heilbronn gehört. Hier wurden, wie Quellen belegen, von einem noch bislang unbekannten Stuckator (möglicherweise Johann Michael Winsberg (1704–1772) zwei Decken in Bandlwerk- und Rocaillestuck ausgeführt.

Mit steigender Popularität drängten nun immer mehr auch zünftige Handwerker, wie Weißbinder (Anstreicher), Tüncher oder Gipser, auf den Platz der Quadraturer, die als wichtige Zuarbeiter mit Schablonen das Grundgerüst der Stuckatur aus Profilzügen herstellten.

Mit dem gesellschaftlichen und wirtschaftlichen Umbruch im 19. Jahrhundert entstanden schließlich erste Kunstgewerbeschulen. Sie wurden meist durch Kunstvereine, die vom aufstrebenden Bürgertum / Industriellen und von Künstlern initiiert werden, gegründet. Ihr Ziel war die Förderung zeitgenössischer Kunstproduktion, was in Zeitschriften wie »Kunst und Gewerbe, Zeitschrift zur Förderung deutscher Kunst-Industrie« vermarktet wurde. Infolge dieser »künstlerischen Ausbildungsstätten« änderte sich der Stellenwert des Stuckators als Künstler.

Jetzt kümmerten sich Modelleure[97] um leicht und schnell reproduzierbare Architekturdekorationen.

Die Herstellung der Dekoration erfolgte nun in Manufakturen, die sich ausschließlich auf die Produktion von Fertigstuckteilen spezialisierten. Diese Trockenstuckaturen wurden in Katalogen zum Verkauf angeboten. Eine der bekanntesten Firmeninhaber war der Lothringer Joseph Beunat, der in England die Herstellung solcher Trockenstuckaturen aus Gips, Zuschlag, Mastix bzw. Leim erlernt hatte. In Saarburg gründete er 1805 eine »Fabrique d'Ornements d'Architecture«.[98] Später wurde eine Zweigstelle in Paris eingerichtet. 1824 wurde Beunats Firma von Jacques Joseph Heiligenthal gekauft, der sie nach Straßburg verlegte. Das Lieferprogramm umfasste vollständig aufeinander abgestimmte Raumausstattungen (Bild 93).

Bild 93 Katalog: Recueil des dessins d'ornements d'architecture de la manufacture de J. Jos Heiligenthal (Jean Bérain, Ornemens Inuentez par J. Berain et se vendant Chez Monsieur Thuret Aux Galleries du Louvre Avec Privilege du Roy. Paris, Jacques Thuret, 1711)

97 Bohnagen 1913, S. 60

98 Coquery, Hilaire-Pérez & Sallm 2004, S. 422

Ein Höhepunkt der »industriell gefertigten Stuckdekoration« wurde in der Zeit zwischen 1860 und 1900 erreicht. Die kleinen Stuckmanufakturen entwickelten sich zu international agierenden Firmen und Fabriken, wie zum Beispiel die 1884 durch den Bildhauer Albert Lauermann gegründeten Detmolder Kunstwerkstätten.[99] In umfassenden Serien von Musterbüchern und Katalogen konnten die Kunden nun nach eigenen Wünschen und Belieben ihre Stuckausstattungen zusammenstellen (Bild 94).

Bild 94 Ceiling, Louis XVI., aus dem Katalog: Plastic Ornaments made in exterior composition plaster-cement (Catalogue 105, Deccorators Supply Co., Chicago 1917, S. 22)

1892 wurde schließlich in Stuttgart der »Zentralverband der Deutschen Stukkateure, Gipser und Verwandter Berufsgenossen« als freie Gewerkschaftsorganisation gegründet.[100]

1924 mit dem Übergang der Organisation in den »Deutschen Stuckgewerbebund« als Interessenvertretung zur Durchsetzung von Rahmentarifbestimmungen, die die Arbeitsverhältnisse, Tariflöhne etc. regeln sollten, und 1953 mit dem Gesetz zur Ordnung des Handwerks (Handwerksordnung) wurde der Stuckateur nun ein gewerblicher Handwerker, der den Innenraum ausbaut und zum Wohnen nutzbar macht. Der heutige Handwerksberuf Stuckateur hat somit nur noch wenige Schnittpunkte mit dem früheren Künstler, dem »Stuckator«.

99 Schafmeister 2012, S. 71
100 Thielberg 1931, S. 352–357

9 Stuckstile – ein Überblick

Die Anfänge des Stucks liegen in der frühen Neuzeit in Italien. Als Vorbilder für Stuckarbeiten dienten dabei die in den Ruinen der Domus Aurea (»Goldenes Haus«), dem Kaiserpalast des Nero, aufgefunden Wand- und Gewölbemalereien aus Rankenwerk und Fabelwesen. Diese fantasievollen Tier- und Pflanzenmotive sowie Ornamente wurden mit Begeisterung in alle Kunstgattungen aufgenommen und verbreiteten sich über ganz Europa. Die Arrangements aus Rankenwerk mit eingesetzten Fabelwesen, Vasen, Tieren und Sonstigem werden nicht nur in der Malerei, sondern auch im Stuck eingesetzt, man nennt sie Groteske.

Niederländische Künstler, wie Vredemann de Vries (1527–1609) und Cornelis Floris de Vriendt (1514–1575), übernahmen die Motive und entwickelten sie in Musterentwürfen und Musterbüchern weiter, die dann durch niederländische Baukünstler eine große Verbreitung fanden.

Das erste Mal ab circa 1530 in der Galerie Franz I. in Schloss Fontainebleau zu sehen, trat das sogenannte Rollwerk auf. Im Stuck, in Stein und der Malerei werden nun Endungen und Rahmen eingerollt (Bild 95).

Bild 95 Darstellung einer Allegorie in einem Medaillon mit Rollwerkrahmen

Zu Rollwerk und Groteske traten in der Folgezeit flache symmetrisch angeordnete Bänder, die Metallbeschläge imitieren sollten und Beschlagwerk genannt wurden. Ab circa 1570 formte sich aus dem Beschlagwerk das Schweifwerk, zu dem c- und s-förmige flache Bandformen hinzutraten, die mit kleinen Stegen verbunden waren.

Um 1600 kam noch das Knorpelwerk (auch Ohrmuschelwerk genannt) hinzu, mit organisch-knorpeligen Ausbildungen, das bevorzugt bei grotesken Masken mit knolligem Aussehen Anwendung fand.

Wie in der Mode bilden sich verschiedene Stilrichtungen aus, die durch regionale Eigenheiten und Sonderformen geprägt waren und durch Stichvorlagen und Architekturtraktate vermittelt wurden. Verbreitung finden vor allen Dingen sogenannte Säulenbücher mit Anweisungen zur architektonischen Gestaltung, zum Beispiel von Sebastiano Serlio 1609.[101]

Während sich der mittel- und norddeutsche Raum an niederländischen Vorlagen orientierte, zog man weiter südlich das Bauen nach »anticisch« oder »welscher«, das heißt italienischer Manier vor. Beliebt war hier vor allem die Verwendung der geometrischen Kassetten- oder Quadraturdecke.

Zeitgleich wurde eine andere, bislang wenig erforschte Deckenform populär, die sogenannte Friesrahmendekoration.[102] Diese Art von Stuckatur, unabhängig von ihrer Unterkonstruktion, ist vom Kölner Raum über Westfalen und Hessen sowie Mitteldeutschland bis nach Sachsen verbreitet. Die Friesrahmendekorationen

101 Serlio 1609

102 Rinn-Kupka 2018, S. 131

bestehen aus aneinandergereihten längsrechteckigen Ornamenten und kreisförmigen Motiven, die herstellungsbedingt durch das Eindrücken von Stempeln oder Modeln eher flach sind. Die verwendeten Model oder Stempel orientierten sich an beliebten Ornamentvorlagen, wie sie auch für Ofenkacheln bzw. Blattkacheln oder als Backmodel gebräuchlich waren.[103]

Je nach Region wurde aber auch die Unterkonstruktion der sichtbaren Deckenbalken in die Gesamtkomposition miteinbezogen, wie bei der sogenannten Kölner Decke. Hauptmerkmal dieser Deckenform sind die meist verzierten und abgerundeten Balken im Übergang zur Wand und die Stuckierungen aus Schablonen- und Modelstuck.

Im Verlauf des 17. Jahrhunderts wurde die profilierte Kassettengliederung dann durch kräftige Laubwülste abgelöst. Um die abgegrenzten Mittelfelder, Spiegel mit meist bildlichen Darstellungen, wurden zum Deckenrand hin Felder mit schweren Profilen angeordnet. Zum bevorzugten Motiv avancierte nun die Akanthusranke, die sich über die freien Flächen ausbreitet. Die Formen erhielten eine starke Plastizität.

Ein Beispiel für diesen schweren Akanthusstuck findet sich im Schloss Köpenick bei Berlin, das von 1677 bis 1682 durch den Architekten Rutger van Langervelt, einem gebürtigen Niederländer aus Nimwegen, erweitert wurde (Bild 96). 29 Stuckdecken, darunter der berühmte Wappensaal, wurden von Giovanni Caroveri, auch Giovanni Battista Garove (1624–1690), und Giovanni Simonetti (1652–1716) hergestellt.

Bild 96 Bilder Schloss Köpenick: Schwerer Akanthusstuck

103 Schreiber-Knaus 2003

Um 1700 wurde die Akanthusranke immer bestimmender, allerdings in einer verfeinerten Formgebung. Das architektonische Gerüst der markanten Rahmen und Profile wurde langsam aufgelöst und französische Akzente traten hinzu, die eine Aufteilung und Gliederung der Decke durch Bänderungen mit feinem Laubwerk beeinflussten (Bild 97). Die »französische Groteske« fand besonders Anklang durch das 1709 erschienene Werk »Ornemens« des königlichen Hofmalers Jean Bérain (1640–1711). Zur gleichen Zeit kam der französische Einrichtungs- und Dekorationsstil der Régence in Mode (Bild 98).

Bild 97 Kartause Mauerbach (ehemaliges Kloster bei Wien): Stuckdecke im Davidzimmer (17. Jahrhundert)

Bild 98 Schloss Juliusburg in Stetteldorf am Wagram bei Wien: Stuckdecke (18. Jahrhundert), Zustand 2010

Aus den schweren räumlichen Schöpfungen mit ineinander gewundenen Bändern wurden nun feine Bänderungen, die eine luftige Gerüstarchitektur bildeten und keine Rahmenprofile mehr benötigten. Grotesken und Motive wurden nun klar positioniert. Durch Augsburger Kupferstecher wurden Nachstiche und Eigenschöpfungen veröffentlicht, worauf sich der Bandlwerkstil, eigentlich »Laub-, Bandl- und Grotschgenwerk«, im Stuck etablierte (Bild 99).

Jedoch blieben auch noch Vorlagen mit der vom Deckenrand aufbauenden Rahmenstruktur für einige Künstlergruppen maßgebend, wie die Ornamentstiche von Daniel Marot, deren architektonische Formen eine Mischung aus französischem und holländischem Klassizismus zeigen (Bild 100).

Bild 99 Schloss Ludwigsburg, Kabinett im Ordensbau: Bandlwerk um 1712

Bild 100 Ornamentwerk des Daniel Marot

Um die Mitte des 18. Jahrhundert führte das französische Bandlwerk in seiner deutschen Auslegung zu einer Abkehr der illusionistischen Durchbrechung der Decke. Die architektonischen Gliederungselemente und die Motivformen wurden jetzt unsystematischer und gingen in der Rocaille auf.

Beim Rocaille-Stil, angelehnt an das Muschelwerk der Grottenarchitektur, wurden die bizarren Ausformungen immer eigenwilliger und enthemmter. Die Besonderheit liegt zusätzlich in der dreidimensionalen Drehung der Motive. Für diesen Stil gibt es zahlreiche Beispiele an Schlossbauten (Bild 101).

Bild 101 Rocaille in der Schloßkirche St. Trinitatis in Haigerloch, 1748

Eines der wohlbekannten Schlösser in Deutschland ist das 1745 durch Friedrich II. erbaute kleine intime Schloss Sanssouci in Potsdam (Bild 102). Hier fand der Rocaille-Stil einen glanzvollen Höhepunkt, nicht nur in den Stuckaturen der einzelnen Räume, sondern in der Gestaltung der gesamten Gartenanlage, alles bildete eine große Einheit.

Bild 102 Schloss Sanssouci

Besonders in Süddeutschland entstanden in dieser Zeit zahlreiche Stuckausstattungen, zum Beispiel von dem berühmten Stuckator Joseph Anton Feuchtmayer (1696–1770), wie die Stuckierungen in der Hofkapelle (1741–1743) im Ostpavillon von Schloss Meersburg (Bild 103) und die Stuckierungen im Kloster Birnau am Ufer des Bodensees (1748–1757) mit der bekannten Figur des Honigschleckers (Bild 104).

Bild 103 Schlosskirche in Meersburg am Bodensee: Putto in Rahmung von Joseph Anton Feuchtmayer, um 1743

Bild 104 Der Honigschlecker im Kloster Birnau (Foto: Burkhardt Bartel, Stuttgart)

Nach 1780 mit dem Beginn des Klassizismus erfolgte ein rasches Abebben des Rocaille-Stils. Nun lehnte man sich wieder an die italienische Frührenaissance an und die Stuckatur wurde zu einem reinen Gliederungselement für das architektonische Gesamtkunstwerk. Wieder findet sich in Ludwigsburg dafür ein Beispiel, diesmal zu sehen im Festsaal des ersten Obergeschosses von Schloss Favorite (1799) (Bild 105 und Bild 106).

Bild 105 Schloss Favorite in Ludwigsburg: Festsaal mit der Umgestaltung von 1797 durch Nikolaus Friedrich von Thouret (1767–1845)

Bild 106 Schloss Favorite in Ludwigsburg – Blick auf die Decke

Mitte des 19. Jahrhundert setzte mit dem Historismus eine Rückbesinnung auf vergangene Stilepochen in der Raumgestaltung ein. Es fanden sich nun alle Formen von Neo-Stilen und überwiegend wurden sich wiederholende Dekorationselemente verwendet, was der Stuckausstattung im Ganzen ein ornamentales Erscheinungsbild verlieh.

Ein Beispiel für die Stuckierung im Neobarock-Stil ist in Baden-Baden im ehemaligen Speisesaal des Holland-Hotels von 1880 heute wieder zu sehen. In den 1960er-Jahren führten grundlegende Umgestaltungen dazu, dass das Gewölbe mit einer abgehängten Decke verkleidet wurde. Erst bei umfangreichen Sanierungs- und Instandsetzungsmaßnahmen des Gebäudes wurde 2008 ein stuckiertes Rabitzgewölbe unter einer abgehängten Decke »wiederentdeckt« und schmückt heute die Räume einer Bank (Bild 107).

Bild 107 Ehemaliges Holland-Hotel in Baden-Baden, restauriertes Rabitzgewölbe mit neobarocker Stuckatur

Stuck wurde nun als Trockenstuck industriell hergestellt und als Fertigteil in beliebiger Kombination in Katalogen angeboten. Dies führte mit Beginn des 20. Jahrhunderts dazu, dass Stuck eine neue Bewertung und sogar eine Abwertung erfuhr. Stuck wurde nun vielfach nur noch als reine Ornamentierung gesehen. Der Architekt Adolf Loos, der 1908 seinen Vortrag »Ornament und Verbrechen« publizierte, beschrieb die weitere Haltung der Moderne zur Ornamentik: »Evolution der Kultur ist gleichbedeutend mit dem Entfernen des Ornamentes aus dem Gebrauchsgegenstande.«[104]

Nach dem Jugendstil in den 1920er-Jahren verschwanden die Stuckaturen in den Raumausstattungen fast vollständig. Durch den Zweiten Weltkrieg wurde zusätzlich ein Großteil der historischen Stuckaturen zerstört, was sowohl das kunsthistorische Interesse als auch das materialtechnische Wissen in den nachfolgenden Zeiten auf einen Tiefststand brachte.

104 Loos 1908, S. 82

10 Stuckausstattung und Ornamentformen

Die künstlerische Ausformung des Stucks ist immer einer bestimmten Gestaltungsidee unterworfen und steht in engem Zusammenhang mit seiner Zuordnung zu einer bestimmten Raumzone. In der Praxis ist es oft schwierig, einzelne Stuckaturen genau zu beschreiben oder eine Stuckausstattung im Gesamten zu erfassen. Die Ausstattung einer Raumschale unterlag bei der Gestaltungsplanung immer festen Regeln, die seit der frühen Neuzeit von Architekturtraktaten[105] oder Säulenbüchern bestimmt wurden. Einer der bedeutendsten Architekturtheoretiker war Leon Battista Alberti (1404–1472), der die Theorie der Schönheit bzw. die Gesetze der Natur auf der Grundlage griechischer und römischer Kunst propagierte. Seine Abhandlungen über das Bauwesen »De re aedificatoria« erlebten durch den Buchdruck große Verbreitung. Als Grundlage für ein harmonisches Zusammenspiel galten die fünf klassischen Gliederungsordnungen der Architektur. Dabei wurden die dorische, die ionische, die korinthische, die toskanische und die komposite Ordnung unterschieden.

Die Wandfläche erhielt nach diesem Vorbild eine Gliederung. Sie wurde horizontal durch Sockel- und Frieszonen sowie vertikal durch Lisenen, Pilaster, Türen und Fenster gegliedert. Durch Blendfelder konnten einzelne Wandzonen für Supraporten, Kaminaufsätze oder Ofennischen akzentuiert werden. Die Decke oder das Gewölbe als oberer Raumabschluss, im 16. und 17. Jahrhundert auch als »Himmel« bezeichnet, nahm eine besondere Stellung ein, die sich in ihrer Symmetrie und hierarchischen Struktur zwar den Wandflächen anpasste, jedoch auch als eigenständiges Bauteil aufgefasst werden konnte. Vergleichbar den Wandflächen bekamen auch die Decken und Gewölbe ein gliederndes architektonisches Grundgerüst, das mithilfe der Stuckaturen aus Profilen, Bändern, Friesen und Gesimsen aufgebaut wurde. Die innere Deckenfläche wurde meistens von einem Spie-

105 Leon Battista Alberti (1404–1472) »De re aedificatoria«

gel dominiert. An den Spiegel schlossen die verschiedenen Deckenzonen an, die sich durch die architektonische Gliederung ergeben hatten. Diese boten nun Platz für die freie Gestaltung des Deckenthemas in Form figürlicher oder abstrakter Leitmotive. Die Verbindung der einzelnen Zonen wurde durch übergreifende Motive wie Spangen, Ranken oder Muschelformen zusätzlich reich verziert.

Nachfolgend sind einige Begriffe und Beispiele für die am häufigsten angewendeten Stuckmotive des 17. und 18. Jahrhunderts aufgeführt, um das Beschreiben von Stuckaturen zu erleichtern.

Ornamentmotive

Beispiel

- Gitterwerk

Bild 108 Blütenbesetztes Gitterwerk aus Akanthusranken mit aufgesetztem Drachen

Beispiel

- Perlstab
- Eierstab
- Blattstab
- (Zahn-)Fries
- Bukranion (gr. Rinds-schädel)

Bild 109 Gesims besetzt mit Eier-, Perl- und Blattstäben und figürlichem Fries

Architekturverbindende Motive

Beispiel
- Podest, Gesimspodest
- Giebel, gesprengter Giebel

Bild 110 Weibliche Büste auf einem Giebelpodest aus einem eingerollten und gesprengten Giebel mit aufgesetzten Vasen; zwischen den Einrollungen des Giebels eine Muschel, von der aus Blatt- und Blütengehänge die eingerollten Postamente verbinden

Beispiel
- Kartusche

Bild 111 Rocaillekartusche aus Akanthusranken und eingerollten Blattstäben mit flankierenden Putten und aufgesetzter Rocaillebekrönung mit Blattranken und Blüten

Beispiel

- Medaillon
- Baldachin mit Lambrequin

Bild 112 Baldachin

Figuren und Gegenstände

Beispiel

- Masken – aus Ranken und Muschelformen
- Büste
- Muschel
- Palmette

Bild 113 Stilisierte Palmette

Bild 114 Vase mit wehendem Band

Beispiel

- Blumen- und Fruchtsträuße
- Vasen
- Fabelwesen; zum Beispiel Chimären, Drachen, Maskerons, und Tiere, zum Beispiel Löwenköpfe
- Putten
- Füllhorn
- Rocaille

Allgemeine Verbindungsmotive

Bild 115 Spange mit männlichem Kopf, verziert mit Akanthusranken und Blütengirlande

Beispiel

- Spangenpalmette
- Krallenpalmette
- Agraffen
- Bänder, Bandlwerk mit Bandwerkschleife
- Girlanden aus Blumen, Früchten Eichenlaub oder Lorbeer etc.
- Draperien
- Muschelsaum
- Ranken, zum Beispiel mit Glockenblüten

11 Der Weg zur Stuckausstattung

Bis ein Raum an Wand- und Deckenflächen mit Stuck ausgestaltet werden konnte, waren viele Arbeitsschritte notwendig. An erster Stelle stand der Entwurf der Raumgestaltung, bevor mit der praktischen Ausführung begonnen werden konnte.

Mit Beginn der Rohbauarbeiten musste feststehen, wo die Wände durch Gesimse oder Lisenen gegliedert werden sollten, um das Gewicht ausladender Stuckatur oder großer Gesimse aufzufangen. Dazu mussten entsprechende Vormauerungen angelegt und Kerne aus Holz oder Schilfrohr eingebaut werden. Auch Bewehrungen aus Stab- oder Flacheisen, Draht oder ähnlichem, die zur Verstärkung von Stuckierungen notwendig waren, mussten an der Unterkonstruktion befestigt werden, bevor die Herstellung eines Putzgrundes erfolgen konnte. Sie wurden in der Gesamtkonstruktion entweder gleich mit eingemauert oder durch Schrauben und Nägel am Holz befestigt. Anschließend erfolgte die Herstellung eines Putzgrundes, in vielen Fällen auf einem separaten Putzträger (siehe Kapitel 11.2). Danach war es möglich, die eigentliche Stuckatur in ihrem architektonischen Gerüst von Gesimsen und Profilen, wie im Entwurf geplant, auszuführen.

Für die Umsetzung des Entwurfs an Wand- und Deckenflächen waren unterschiedliche Zwischenschritte notwendig. So erfolgte die Übertragung der Zeichnung auf den Putzgrund meist mithilfe eines Quadratnetzes oder Hilfslinien, die mit pigmentierten Schlagschnüren, Winkeln, Linealen, Zirkeln und Reißstiften angelegt wurden. Geschwungene Linien konnten mithilfe von Kartons, Konturen mit dem Kopierrad bzw. dem Pigmentpulverbeutel aufgepaust werden. Auch ein freies Aufzeichnen mit Rötel- oder Kohlestiften waren üblich (Bild 116 und Bild 117).

Bild 116 Kohlevorzeichnung für eine Blumenvase

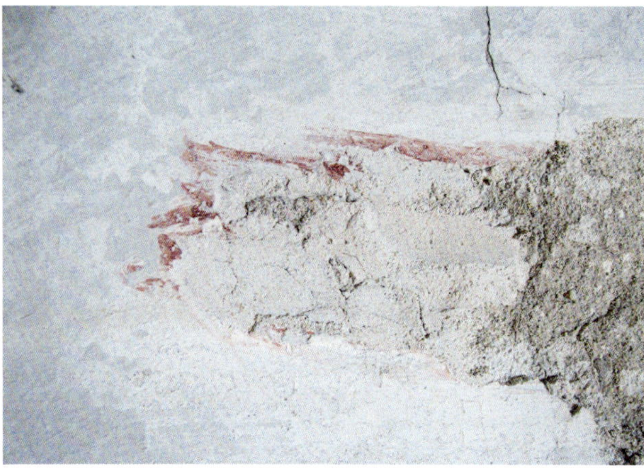

Bild 117 Rötelvorzeichnung für den Antragsstuck

Nachdem der Entwurf übertragen war, begann die eigentliche Stuckaturarbeit mit der Anlage des Schablonenstucks in Form von Gesimsen, Profilen, Bändern etc. Diese Arbeiten führte in der Regel der Quadraturer aus.

Die Ausführung der einzelnen Motive, Figuren oder sonstiger Darstellungen oblag dann dem Künstler bzw. Stuckator, der den plastischen Mörtel frei Hand als Antragsstuck modellierte, den Mörtel mit verschiedenen Hilfsmitteln vorformte oder als fertiges Element in die Stuckausstattung einsetzte (siehe hierzu Kapitel 12).

11.1 Unterkonstruktion

Für jede Stuckdekoration wird ein Rohbau benötigt, der sehr vielfältig sein kann und entweder aus Mauerwerk, Fachwerk oder rein hölzernen Konstruktionen besteht. Der Raumabschluss selbst kann als Gewölbe oder flache Decke ausgebildet sein.

Gewölbe können aus massivem Mauerwerk erbaut sein, wie Tonnen-, Kreuz- oder Muldengewölbe. Die Decken und Gewölbe in den Obergeschossen bestehen meist aus Holzkonstruktionen mit leichterem Gewicht.

11.1.1 Holzbalkendecken und Einschubdecken

Die einfachste Form des oberen Raumabschlusses ist eine ebene Holzbalkendecke. Die Deckenbalken sind von unten sichtbar. Auf den Deckenbalken befinden sich Bretter, die sowohl die Decke als auch den Boden für den Raum darüber bilden.

Wird das tragende Balkenwerk von unten noch mit Brettern verkleidet oder verschalt, entsteht eine ebene einfache Bretterdecke. In Mitteldeutschland, insbesondere in Hessen und Thüringen, sowie in Süddeutschland bis nach Österreich sind geschalte oder glatte Decken (lediglich mit konstruktivem Unterzug) in der Überzahl.

Eine Variante der Holzbalkendecke ist die Füllungsdecke, auch Einschub- oder Zwischendecke genannt. Diese wurde bereits seit dem Mittelalter vorwiegend in Wohnräumen und Stuben (dem beheizten Raum) verwendet. In einer Quelle von 1645 heißt es zum Vorteil solcher besonderen Decken: »*Gewundene Decken oben in der Stuben / sind besser / dann wann man die Decke der Stuben oben mit Brettern belegt. Dann sie brennen nicht so leichtlich / wann Fewer in den Stuben außkompt. Diß thut auch der Gips / wann man oben die Decken und auff der Seiten die Wände damit bestreicht / und feine Figuren drein druckt / das stehet fein reinlich / helt die Stuben warm; ist gut vor den Brande / und lest sich fein wider säubern und reinigen / wans schwarz wird / dienet aber allein grossen Herrn / dann Bawernstuben zierers nicht / sonderlich die viel Kien brennen.*«[106]

Diese Einschubdecken konnten unterschiedlich ausgebildet sein. Eine Variante, die sich vor allem auch in ländlichen Häusern finden lässt, ist der sogenannte ganze

106 Coler 1645, S. 320

Windel- oder Wickelboden (Windel – von »winden« – »etwas umwickeln«). Hier werden Nuten im unteren Abschnitt der Holzbalken eingehauen, in die Lehmwickelstaken eingeschoben werden. Bei dem Boden in Bild 118 wurden die Lehmwickel anschließend nicht mehr verputzt, sondern einfach nur gekalkt. Diese einfachste Variante wurde in Bauernhäusern angewandt.

Bild 118 Windel- oder Wickeldecke mit Lehmstaken

Da nun jedoch ein Hohlraum nach oben entsteht, werden die Lehmwickelstaken auf der Oberseite mit einem Lehmschlag, einem abgemagerten Lehm, der mit Spreu, Strohhäcksel oder Ähnlichem versetzt ist, aufgefüllt (Bild 119). Eine weitere Schicht bis zum Bretterboden kann dann aus Sand, Bauschutt, Spreu oder sonstigen Materialien bestehen.

Bild 119 Lehmschlag mit Spreu und Bauschutt

Auch die Unterseite der eingeschobenen Lehmwickelstaken wurde oft bis zu den Balkenunterseiten mit einer Lehm-Strohhäcksel-Schicht angeglichen, sodass nun die Herstellung der eigentlichen Deckenverkleidung mit einem Putzmörtelüberzug oder einem Anstrich vorgenommen werden konnte (Bild 120).

Bild 120 Auftrag der Lehm-Strohhäcksel-Schicht

11.1.2 Hölzerne Gewölbe

Hölzerne Gewölbe sind Leichtbaukonstruktionen, die meist in den oberen Stockwerken eines Gebäudes Verwendung fanden, da sie an den Auflageflächen nur einen geringen Horizontalschub ausüben. Ihre Holzbauweise beruht auf der Konstruktion aus Tragrippen oder sogenannten Spanten. Die Spanten sind an den Deckenbalken befestigt und die Fußpunkte am unteren Ende liegen im Mauerwerk auf. Die unterseitige Verkleidung der Gewölbe erfolgte seit dem Barock nicht vollflächig mit Holzbrettern als Bretterverschalung, wie bei einer flachen Holzdecke, sondern wurde in Form einer sogenannten Spalierlattung angefertigt, die gleichzeitig als eigenständiger Putzträger fungierte.

11.2 Träger für Putzmörtel und Stuck

Der Putz(mörtel)träger ist in den meisten Fällen der Untergrund, auf den der Mörtel aufgetragen wird. Nicht immer wurde eine Stuckierung auf neuen Untergründen ausgeführt, sondern in sehr vielen Fällen auf älteren Bauteilen, die ursprünglich für eine ganz andere Gestaltung gedacht waren. Diese Untergründe, zum Beispiel einfache oder gefasste Holzoberflächen, waren häufig nicht für einen Mörtelauftrag geeignet. Der Mörtel kann nur dann eine stabile Verbindung aufbauen, wenn er sich beim Erhärten mit dem Untergrund mechanisch verzahnt oder verklammert, was auf diesen Untergründen meist nicht möglich war.

Zum Verputzen und Stuckieren älterer Oberflächen oder von Holzbauteilen waren daher einige Vorarbeiten notwendig. Holz ist hygroskopisch und beginnt im Zusammenhang mit einem Mörtelauftrag zu quellen bzw. beim Trocknen zu schrumpfen, was in der Folge zwangsläufig zu Schäden führt. Auch haften Mörtel auf bereits bestehenden Oberflächen oftmals schlecht. Um einen tragfähigen Untergrund für den Mörtelauftrag herzustellen, kamen deshalb verschiedene Hilfskonstruktionen zum Einsatz. Auf Holz konnte eine bessere Anhaftung des Putzmörtels, zum Beispiel durch Aufbeilen der Oberfläche, durch kleine Kerben erreicht werden. Auch Holzstifte (Bild 121), kleine Keile oder Nägel wurden in die Holzoberflächen eingeschlagen oder das Holz wurde mit Bindfaden oder Draht, der um Nägel gewickelt wurde, überspannt (Bild 122). Solche einfachen Methoden zur Verbesserung der Anhaftung des Mörtels auf variierenden Untergründen wurden im Laufe der Zeit durch die Verwendung von unterschiedlichsten Putzträgern ergänzt.

Bild 121 Holzstifte mit Fragmenten von Putz an einer Fassade

Bild 122 Aufgebeilte Holzoberfläche und Reste einer Verdrahtung

11.2.1 Ruten / Leisten

Der am einfachsten verfügbare Putzträger, der im nahen Umfeld jeder Baustelle auch immer zu finden war, bestand aus langen, dünnen und biegsamen Zweigen verschiedener Gehölze, wie Haselnuss und Weide etc. Diese Ruten wurden gespalten und an der Unterkonstruktion mit Nägeln befestigt (Bild 123).

Neben gespaltenen Ruten findet man als Putzträger auch kleine Leisten aus Holz, die meist über Kreuz angebracht und unterlegt wurden, sodass sie sich gut in den Mörtel einbetten ließen (Bild 124).

Bild 123 Gespaltene Ruten

Bild 124 Unterlegte und genagelte Leistchen

11.2.2 Spalierlattung

Eine Form des eigenständigen Putzträgers, die vor allem für die Ausbildung von Decken benutzt wurde, ist die Spalierlattung (Bild 125). Sie besteht aus einzelnen, meist trapezförmig zugeschnittenen Holzlatten mit einer Dicke von circa 2,0 cm und einer Breite von circa 3,0 bis 5,0 cm. Die einzelnen Trapezlatten werden mit unterschiedlichen Fugenbreiten (ca. 1,0 bis 3,0 cm) zueinander und mit der schmaleren Trapezfläche nach oben direkt an den Deckenbalken oder den Spanten befestigt.

Durch diese Ausführung kann sich der Putzmörtel auf der Trapezlattung besser mit dem von unten angeworfenen Putzmörtel verbinden, da die Trapezform wie ein Trichter wirkt, der den Putzmörtel besser an Ort und Stelle hält. Für eine entsprechende Anhaftung des Mörtels sorgt oftmals noch eine aufgeraute, gebeilte Oberfläche der einzelnen Latten.

Beim Auftrag eines Putzmörtels muss dieser von unten zwischen den Spalierlatten an- und durchgeworfen werden, damit eine vollflächige Einbettung der Lattung stattfinden kann. Eine Arbeit, die viel Geschick erforderte und nicht einfach zu bewerkstelligen war.

Bild 125 Spalierlattung im Bereich einer Voute

11.2.3 Bockshaut und Heumörtel

Um die Schwierigkeiten beim Anwerfen des Mörtels auf die Spalierlattung zu minimieren, bildete man eine sogenannte Bockshaut auf der Oberseite der Lattung aus (Bild 126).

Der Mörtel für die Bockshaut wurde mit langen und grobfaserigen Pflanzenbestandteilen, meist Heu, versetzt; »*Riedgräser, die in sumpfigen Gegenden wachsen, und sogenanntes saures Heu, auch dünne Binsen eignen sich hierfür am besten.*«[107]

Bild 126 Bockshaut in der Voute eines Spiegelgewölbes

107 Grueber 1863, S. 239

Die langen Pflanzenfasern wirkten wie ein flächiges, abdeckendes Gewebe auf den Latten, das ein besseres Anwerfen des Putzmörtels von unten ermöglichte. Außerdem sorgten die nach unten durchhängenden Fasern für einen besseren Verbund der beiden Mörtelschichten, sodass die Lattung in den Mörtel eingebettet wurde. Der erhärtete Mörtel haftete nur zu einem geringen Maß an der Lattung, vielmehr wurde ein sandwichartiger Verbund ausgebildet (Bild 127).

Bild 127 Spalierlattung einer Decke im Schloss Allmendingen (Foto: Andrea Kuch, Zwiefaltendorf)

11.2.4 Schilfrohr

Eine ebenfalls schon im 17. Jahrhundert bekannte Methode, um einen guten Putzträger zu erhalten, ist die Verwendung von Schilfrohr. Charles Philippe Dieussart (um 1625–1696) beschrieb schon 1682: »*Diese materie [Mörtel], [...] wird [...] auff Spanischen Röhren / welche mit Messingem Drat / an die Gewölber / weiln sie gar leicht und ohn verwüßtlich seyn / gehefftet werden / auffgetragen / und nach dem gegebenen Risse die Arbeit verfertiget.*«[108] Die hier genannten »Spanischen Röhren« sind eine Bezeichnung für schnellwüchsiges bis zu sechs Meter hohes Schilfgras. In der Anfangszeit wurden die Schilfrohrstängel einfach, jedoch meist über Kreuz, für eine bessere Einbettung in den Mörtel, mit Nägeln angeheftet (Bild 128). Teilweise findet man Kombinationen von Latten und Schilfrohr.

108 Dieussart 1682, S. 26

Bild 128 Einzelne Schilfrohrstängel angenagelt

11.2.5 Rohrmatten

Seit der Erfindung von Putzträgergeweben spielen die Untergrundeigenschaften für die Anhaftung eines Mörtels nur noch eine untergeordnete Rolle, weil damit eine eigenständige, »entkoppelte« Putzschale ausgebildet wird. Der Begriff »Gewebe« ist dabei wörtlich zu verstehen, da die Herstellung auf mechanischen Webstühlen erfolgte. Heute wird das Wort Putzträgermatte verwendet, da man den Putzträger in einzelnen Bahnen oder Abschnitten, die untereinander verbunden werden, an der Decke befestigt (Bild 129 und Bild 130). Der gebräuchlichste Putzträger ist die einfache Schilfrohrmatte (Abstand der Stängel zueinander ca. 5,0 bis 10,0 mm) und die halbdichte Rohrmatte (Abstand der Stängel ca. 2,0 bis 5,0 mm) sowie die meist nur in Süddeutschland gebräuchliche Doppelrohrmatte, bei der die Stängel oberhalb und unterhalb des Kettdrahts angeordnet sind.

Putzträger aus Schilfrohrmatten waren noch bis in die 1960er-Jahre in Gebrauch. Neben dem Schilfrohr wurden auch Holzlättchen als Holzstabgewebe oder Flach- und Dreikantleisten als sogenanntes Bacula-Gewebe verwendet (Bild 131).

Bild 129 Reste einer Schilfrohrmatte direkt auf den Deckenbalken und Lehmausstakung

Bild 130 Schilfrohrmatte auf einer Lattung

Bild 131 Holzstabgewebe in einem privaten Landschloss nahe Stuttgart

Der Anwurf von Putzmörtel kann jetzt allerdings nur noch von unten erfolgen. Der Putzmörtel haftet im ersten Moment nur durch den Unterdruck, der durch das Anwerfen zwischen Untergrund und Putzmörtel entsteht. Bei einem zu hohen Gewicht der angeworfenen Putzmörtelportion oder einer ungenügend verspannten Putzträgermatte kann sich reiner Kalkputzmörtel sehr schnell wieder ablösen. Um dieses Problem abzumildern, muss der Putzmörtel so eingestellt sein, dass ein frühes Ansteifen einsetzt. Einem Kalkputzmörtel wird deshalb ein Anreger, wie zum Beispiel Gips, zugesetzt (Kalkgipsmörtel) oder es wird ein Gipsmörtel verwendet, dem als Verzögerer Kalk zugesetzt ist.

11.2.6 Drahtputz und Rabitzkonstruktion

Eine weitere sehr wichtige Erfindung des 19. Jahrhunderts machte Johann Christoph Carl Rabitz (1823–1891), ein Maurermeister und Bauunternehmer aus Berlin. Er meldete 1878 ein Patent auf einen »Feuerfesten Deckenputz unter hölzernen Balken« an. Ein Gittergewebe aus verzinktem Draht wird in einen Winkeleisenrahmen eingespannt und dient als Träger für einen Putzmörtel aus Gips, Leimwasser und Sumpfkalk im Verhältnis 1:3 sowie dem Zusatz von Fasern (meist Haaren).[109] Man spricht auch von Drahtputz.

Die Rabitzkonstruktion eines Gewölbes im ehemaligen Holland-Hotel von Baden-Baden (Bild 132) besteht aus einem Gerippe von Rundeisen (Tragstangen und Überlegstangen), die circa 5,00 bis 8,00 mm stark sind. Die Rundstangen sind maschenartig im rechten Winkel zueinander verlegt und an den Kreuzungspunkten mit Bindedrähten verbunden. Dieses Skelett ist mit Abhängern befestigt. Die Einteilung der Abhänger ist von der vorhandenen Balkenlänge und Eisenlänge abhängig. Die Abhänger wurden seitlich durch Rabitzhaken befestigt, sodass eine gute Lastübertragung gegeben war. Zur Formgebung des Gerippes wurden Lehren eingesetzt, die man nach Fertigstellung der Konstruktion wieder entfernte. Auf diese Vorkonstruktion wurde ein Drahtnetz aus Rabitzgewebe aus verzinktem Eisendraht aufgespannt. Die einzelnen Bahnen des Rabitzgewebes wurden dabei mithilfe von Rundeisenstangen verbunden. Wichtig war dabei, eine straffe Spannung des Rabitzgewebes herzustellen, da das Gewicht des Mörtels sonst zu Verformungen geführt hätte.

109 Förster 1922, S. 161

Das Rabitzgewebe wurde zur Ausbildung einer Putzschale mit einem gefaserten Gipskalkmörtel ausgedrückt und ausgeputzt. Diese eigenständige Drahtputzschicht diente dann als Untergrund für die späteren Stuckaturen.

Bild 132 Ergänzung und Verputz eines Rabitzgewölbes

11.2.7 Drahtziegelgewebe

Manchmal führen besondere Ereignisse zu einer neuen Erfindung und so kam es auch zur Entwicklung des Drahtziegelgewebes (Bild 133). Aufgrund der Erblindung wertvoller Zuchthengste in königlich-preußischen Gestüten durch immer wieder herabfallende Kalkputzteile, was durch die Verrottung des Putzträgers aus Schilfrohr infolge ammoniakhaltiger Dämpfe und Feuchtigkeit in den Ställen hervorgerufen wurde, wendete sich das Preußische Landwirtschaftsministerium an die Stuckateurrohrgewebefabrik der Brüder Paul, Max und Otto Stauss in Cottbus. Sie versuchten, aufbauend auf dem Drahtgewebe von Rabitz, ein neues Material zu entwickeln. In mehrjährigen Versuchen entstand so ein Stahldrahtgeflecht mit einer Maschenweite von 20 mm, an dessen Kreuzungsstellen Ton kreuz- oder rautenförmig aufgepresst und anschließend wie Backsteine oder Ziegel gebrannt wurde. 1889 meldete Paul Stauss ein Patent auf einen »Putzträger für Decken- und Wandputz« an. Unter der Firmenbezeichnung P. Stauss & H. Ruff, nach 1924 nur noch unter der Bezeichnung Stauss, ist dieses Drahtziegelgewebe bis heute noch erhältlich.

Das Drahtziegelgewebe bietet nicht nur eine ausgezeichnete Haftfläche für den Mörtel. Die gebrannten Tonkörper nehmen die überschüssige Feuchtigkeit aus dem Mörtel auf, was zu einem schnelleren und gleichmäßigeren Ansteifen des Mörtels führt. Ein erfreulicher Nebeneffekt war, dass durch diesen Putzträger der

Brandschutz bei Holzunterkonstruktionen erhöht wurde, was auch für alle anderen formgebenden und konstruktiven Elemente aus Holz, zum Beispiel auch für Scheingewölbe, sehr praktisch war.

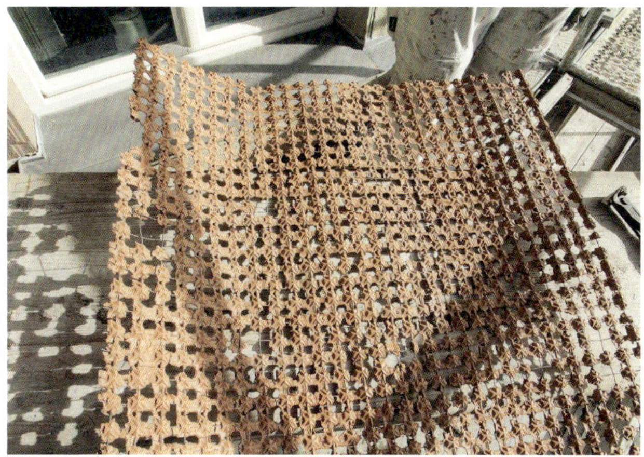

Bild 133 Drahtziegelgewebe

11.3 Moderne Putzträger

Die nachfolgend aufgeführten modernen Putzträger seien hier nur der Vollständigkeit halber erwähnt, da sie für die Reparaturen ab dem 20. Jahrhundert oft eingesetzt wurden und noch bis heute angewendet werden.

11.3.1 Drahtgeflechte

Drahtgeflechte sind Varianten und Verbesserungen des Rabitzgewebes. Hier wird durch die Wellung des Drahtgeflechts (Welldrahtgeflecht) der Abstand zum Untergrund erhöht, sodass der Putzträger nicht nur auf diesem aufliegt, sondern in der Putzmörtelschicht eingebettet wird.

Seit den 1960er-Jahren werden von verschiedensten Herstellern ebene oder gewellte rostfreie, punktgeschweißte Drahtgitternetze mit entsprechendem Befestigungszubehör angeboten.

11.3.2 Streckmetall – Rippenstreckmetall

Unter Streckmetall versteht man ein aus Stahlblech gestanztes Maschenwerk mit festen Knotenpunkten. Das Streckmetall wird in sechs verschiedenen Maschenweiten in Tafeln von sehr großer Länge und einer Größtbreite von 4,80 m hergestellt.[110] Allerdings war das Streckmetall aufgrund seiner ebenen und glatten Oberfläche bedingt geeignet, dem Putzmörtel beim Anwerfen eine entsprechende Haftungsmöglichkeit zu bieten. Deshalb kam bereits in den 1930er-Jahren eine Modifikation hinzu. Kalt gewalzter Bandstahl wurde durch Einschneiden von Rippen und Herausdrücken von Stegen und dem Auseinanderziehen des Materials zu sogenanntem Rippenstreckmetall umgeformt.

Die Stege steifen die Metalltafel aus und dienen praktisch als Abstandshalter zum Untergrund. Die herausgedrehten Rippen bieten eine entsprechende Haftfläche. Das Rippenstreckmetall (Bild 134 und Bild 135) ist noch heute im Handel. Eine weitere Variante ist das gefalzte Rippenlochmetall.

Bild 134 Rippenstreckmetall in einem Verputz

110 Kersten 1913, S. 40

Bild 135 Rippenstreckmetall als Putzträger auf einer Holzwolleleichtbauplatte

11.3.3 Balkenmatten

Balkenmatten, wie der Name schon sagt, sind Putzmörtelträger, die auf Balken aufgebracht werden. Da Holz durch Feuchtigkeit aufquillt, kam man bereits zu Beginn des 20. Jahrhunderts darauf, Holzbauteile gegen Feuchtigkeit zu schützen.[111] Durch das Eintragen von Feuchtigkeit beim Verputz von Fachwerk quillt das Holz erst und schwindet dann wieder, wodurch zwischen Putzschicht und Holz Hohlräume entstehen können, die Risse und Kondenswasserbildung begünstigen. Die Balkenmatten (auch Balkenfix genannt) werden heute in entsprechenden Balkenbreiten produziert und sind mit einem Ölpapier versehen, das angeheftet ist (Bild 136). Das Ölpapier, ein Papier, das mit Wachs, Paraffin oder Ceresin (wachsartiges Harzprodukt) durchtränkt ist, schützt das Holz und auch andere feuchtigkeitsempfindliche Materialien vor der Feuchtigkeit des Mörtels und verhindert so den Quell- und Schrumpfprozess mit den daraus entstehenden Schäden.

111 Friese, 1908

Bild 136 Balkenmatte mit Ölpapier, sogenanntes Balkenfix

12 Die Stuckherstellung

Nach all den genannten Voraussetzungen und Vorbereitungen wenden wir uns nun der eigentlichen Herstellung von Stuck zu. Materialtechnisch besteht Stuck aus den vorbeschriebenen Bindemitteln und Mörteln und unterscheidet sich vom flächigen Putzmörtelauftrag nur durch seine dreidimensionale Ausformung. Gerade diese besondere Formgebung und die damit verbundenen Arbeitsgänge machen Stuckausstattungen aufwendig und kostbar.

Für die Restaurierung von Stuck sind die Kenntnisse über den eigentlichen Herstellungsprozess von großer Bedeutung, da sich die Maßnahmen daran orientieren müssen. Stuckaturen, die gegossen wurden oder gezogen waren, lassen sich unter Umständen auch reproduzieren. Frei angetragene Stuckatur dagegen trägt immer eine künstlerische Handschrift und ist ein Unikat, das nicht beliebig rekonstruiert werden kann. Die Unterscheidung und Zuordnung der Herstellungsarten sind daher von großer Bedeutung.

12.1 Antragsstuck

Antragsstuck bedeutet, dass der noch plastische Mörtel an Ort und Stelle angetragen und zu der Form bearbeitet wird, die im Entwurf vorgesehen ist. Das Auftragen oder Antragen erfolgt in verschiedenen ineinandergreifenden Arbeitsvorgängen, ähnlich der Herstellung mehrerer Putzmörtelschichten. Allerdings wird der Mörtel dabei nicht in der Ebene ausgearbeitet, sondern freiplastisch modelliert.

Jeder Stuckator modelliert seinen Stuck in unterschiedlichen Schichten und mit entsprechenden Mörtelzusammensetzungen nach tradierter Technik, vorgegebenen Materialparametern und seinen persönlichen Eigenarten (Bild 137).

Heute lassen sich anhand der Ausformung einzelner Motive und ihrer Verwendung im Aufbau bereits Rückschlüsse auf die Handschrift einzelner Stuckatoren ableiten. Es lassen sich jedoch auch Informationen aus Bindemittel- und Mörtelzusammensetzungen und Kenntnisse zu besonderen und bekannten Aufbautechniken der Stuckaturen für Vergleiche hinzuziehen.

Die individuelle Handschrift der Künstler verdient besondere Beachtung, da es nicht selten vorkam, dass mehrere Stuckatoren einer Werkstatt an einer Stuckausstattung arbeiteten. Interessant ist, dass sich durch die Beobachtungen an Modellierungen heute noch gut unterscheiden lässt, ob jemand Rechts- oder Linkshänder war oder Blätter und Blüten etc. auf eine individuelle Weise ausmodellierte.

Bild 137 Stuckaturen im Treppenhaus von Schloss Ludwigsburg, Ordensbau von Frisoni und Soldati

12.2 Formenstuck

Formenstuck wird mithilfe einer Form produziert und stellt somit ein praktisches Abform- und Vervielfältigungsverfahren dar. Je nach Art des abzuformenden Modells sowie des zu verarbeitenden Mörtels können verschiedene Formen und Herstellungstechniken zur Erzeugung einer Abformung eingesetzt werden.

Die einfachste Formbildung ist der Abdruck in einer elastischen Masse, wie zum Beispiel Ton oder Wachs. Es gibt aber auch die verlorene Form für den Abguss des Objekts oder Gegenstands, die aus einem erhärtenden Mörtel oder Masse als Schale hergestellt und nach dem Abguss zertrümmert wird und somit »verloren« ist. Diese Art der Abformung ist jedoch sehr ineffizient, da die Form nur einmal verwendet werden kann.

12.2.1 Model und Stempel

Die ältesten Formen zur Stuckherstellung sind der Model, eine Hohlform oder Negativform, und der Stempel als Matrize oder Positivform aus Holz (überwiegend aus Obsthölzern), die von Formschneidern, Formschnitzern oder Formstechern hergestellt worden sind.

Holzmodel und Holzstempel sind starre Formen. Es ist also notwendig, dass sie im Inneren leicht konisch ausgearbeitet werden, damit sich der Mörtel nach dem Ansteifen gut herauslösen lässt. Modelstuckaturen sind deshalb auch relativ flach und besitzen keine größeren Hinterschneidungen.

Vorteil des Models sind dagegen die Herstellung der Stuckierung direkt an der vorgesehenen Stelle, denn durch den hohen Druck, der auf die stabilen Holzformen ausgeübt werden kann, kann der Model mitsamt dem eingefüllten Mörtel fest an den noch nicht vollkommen abgebundenen oder trockenen Untergrund angepresst werden (Bild 138). Man benötigt so keine zusätzlichen Befestigungsmittel.

Bild 138 Gemodelter Stuck in Schloss Juliusburg in Stetteldorf am Wagram (16. Jahrhundert)

12.2.2 Schalenformen

Ähnlich der Arbeit mit einem Model gestaltet sich die Abformung mit einer Spiegelform, die jedoch bereits ein Abguss oder genauer eine direkte Schalenform eines Modells ist. Die Spiegelform als Hartschale wird aus einem erhärtenden Gussmaterial, wie zum Beispiel Gips, als Negativform hergestellt, muss ebenfalls konisch zulaufen und darf keine Hinterschneidungen aufweisen. Auch Formen aus Schwefel dürften relativ früh in Gebrauch gewesen sein, jedoch konnten damit nur kleinere, flache Reliefs, wie zum Beispiel Münzen und Medaillen abgeformt werden, da der feste Schwefel sehr spröde und leicht zerbrechlich ist.

Zur Abformung von Hinterschneidungen und dreidimensionalen Modellen dient dann die Keilform oder mehrteilige Form (auch Stückform, Kernform oder echte Form), die aus einzelnen zusammensetzbaren Schalenteilen und / oder Keilen besteht, die an Hinterschneidungen des Modells eingefügt werden und sich einzeln abnehmen lassen (Bild 139). Die einzelnen starren Schalenteile und Keile werden durch einen gesonderten Mantel zusammengehalten und / oder sind so ausgearbeitet, dass sie mittels ausgeformter Marken oder Nuten wieder zusammensetzbar sind.

Um ein Aneinanderkleben von Modell bzw. Abformung und Schalen zu verhindern, werden die einzelnen Oberflächen durch Wachse, Ölseife oder dem Auftrag einer Schelllacklösung isoliert. Ölseife ist ein Gemisch aus Öl und einem Tensid (Natrium- oder Kaliumsalze von Fettsäuren), das als Lösungsmittel fungiert. Schellack wird aus den Ausscheidungen der Lackschildlaus (*Kerria lacca*) gewonnen. Die harzartige Substanz wird in Spiritus gelöst und nach dem Trocknen entsteht ein lackartiger Film. Schellack quillt in Wasser, ist aber nicht löslich.

Zusätzlich erleichtert ein Trennmittel, wie wasserunlösliches Fett oder Öl, die Ablösung der Schalen und Keile vom späteren Abguss.

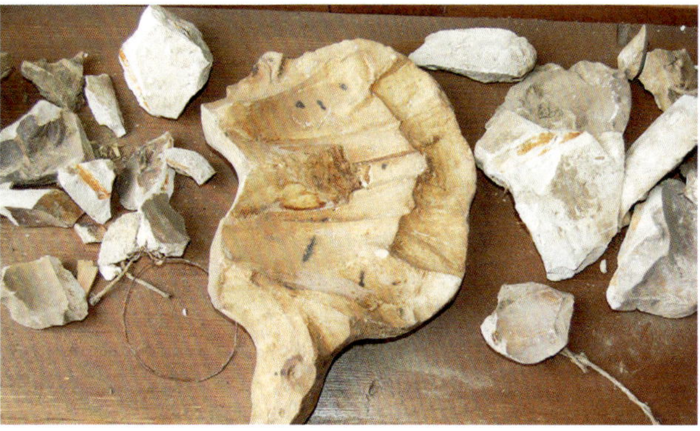

Bild 139 Fragmente einer Stückform, Kirche St. Peter und Paul, Hilzingen,1747–49

12.2.3 Leimformen

Mit der Entstehung der Kunstakademien stieg die Nachfrage nach antiken Werken für wissenschaftliche Abgusssammlungen, deren Einfuhr sehr teuer war. So gründete König Friedrich Wilhelm III. 1819 die »Königlich Preussische Gipsgussanstalt«, die sich auf die Produktion von antiken Abgüssen spezialisierte.

Da die exakte Herstellung der einzelnen Schalenteile und Keile der Stück- und Keilform aus Gips sehr arbeits- und zeitaufwendig war, entwickelte sich im frühen 19. Jahrhundert die Leimform. Leimformen haben den Vorteil, elastisch zu sein, sodass auch Objekte mit Hinterschneidungen oder Abgüsse mit höherer Plastizität in Verbindung mit einer Stützschale hergestellt werden konnten.

Zur Herstellung einer Leimform wurden tierische Leime, wie Hasenhautleim und Lederleim (Kölner Leim) verwendet. Der Leim dazu wurde aus dem unlöslichen Bindegewebe von Knochen, Häuten bzw. Leder oder Pergament gewonnen, aus denen das Kollagen (Polypeptide) durch Kochen extrahiert wurde.

Die Herstellung der Leimform selbst war einfach und der Leim konnte durch Einschmelzen auch immer wieder verwendet werden.

12.2.4 Kautschuk- und Silikonkautschukformen

In der zweiten Hälfte des 19. Jahrhunderts experimentierte man mit neuen Materialien wie Gummi, das durch Vulkanisation aus Kautschuk und Guttapercha (dem Milchsaft des Guttaperchabaums, der auf Sumatra, Java und Borneo vorkommt) gewonnen wird. Flüssiger Rohkautschuk, Schwefel oder schwefelspendende Stoffe werden mit Katalysatoren (zur Erhöhung der Reaktionsgeschwindigkeit) und Füllstoffen erhitzt. Die langkettigen Kautschukmoleküle werden so durch Schwefelbrücken vernetzt und es entsteht ein elastisches Material: Gummi. Der Herstellungsprozess erwies sich jedoch als so aufwendig, dass alle Verfahren scheiterten.

Erst um 1945 kam der erste synthetische Kautschuk aus vernetzten Polymerketten auf den Markt, der auf der Basis von petrochemischen Rohstoffen hergestellt wurde. Im Gegensatz zu den natürlichen organischen Kautschuken war der Kautschuk nun ein rein synthetisches Material aus Poly(organo)siloxanen bzw. aus sich abwechselnden Silizium- und Sauerstoffatomen und wurde Silikonkautschuk genannt (Bild 140).

Die für den Formenbau einzusetzenden Silikonkautschuke müssen bei Raumtemperatur vernetzend sein und werden dann als RTV-Silikonkautschuk bezeichnet. Es gibt Ein- oder Zweikomponentensysteme. Während RTV-1 Silikonkautschuk überwiegend als Dichtungs-, Klebe- oder Beschichtungsstoff eingesetzt wird, verwendet man für Abformarbeiten den Zweikomponentensilikonkautschuk (RTV-2), dem noch ein Vernetzer oder Katalysator (Härter) zugesetzt werden muss.

Bild 140 Silikonkautschukformen

12.3 Schablonenstuck

Der Schablonenstuck, meist in Form von Profilen und Gesimsen, gehört zu den Stuckaturen, die bei Bedarf auch in einer Werkstatt vorgefertigt werden können. Er wird mithilfe von Schablonen mit negativer Profilkontur erzeugt. Dies kann direkt am Objekt passieren oder als Tischzug in der Werkstatt. Auch bei dieser Technik spielen die verwendeten Mörtelzusammensetzungen für die Verarbeitung eine ausschlaggebende Rolle.

Eine Schablone besteht aus zwei zusammengesetzten Teilstücken, einem Profilholz (auch Schablonenholz oder Profilschablone genannt) und dem Schlitten, der das Ziehen oder Schieben der Schablone ermöglicht (Bild 141). An dem Schlitten können noch kleinere Holzläufer angebracht werden, die die Führung erleichtern (Bild 141 B):

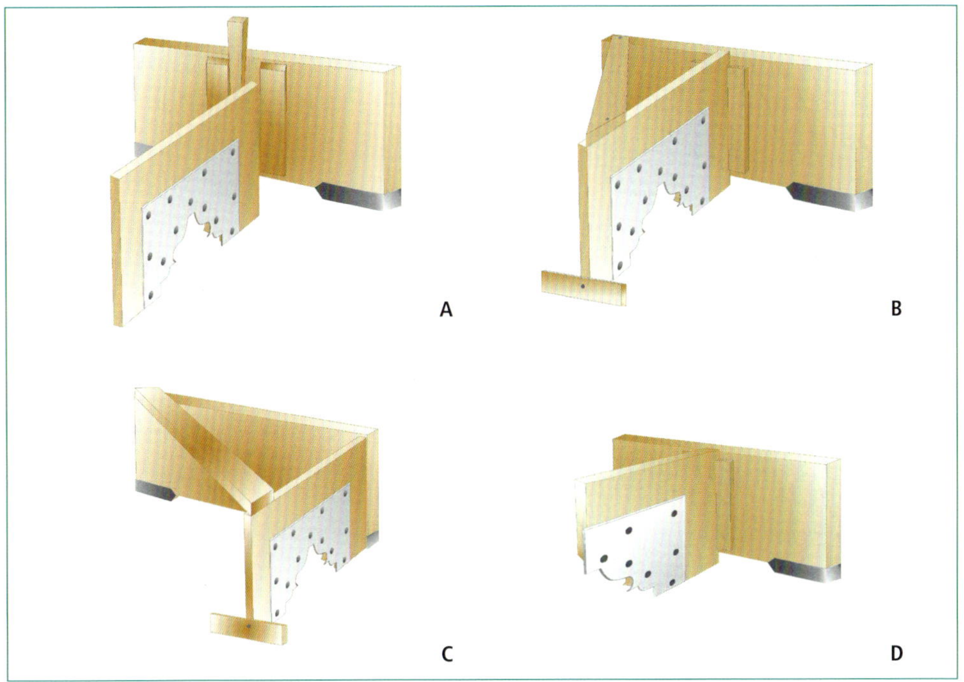

Bild 141 Schablonen
A) Schablonenbrett und Schlitten (Mittelschablone)
B) Mittelschablone mit Querholz und Läufer
C) Kopfschablone
D) Eckschablone

Bei der reinen Holzschablone ist der Schlitten aus Hartholz und das Profilholz aus Buchen-, Ahorn-, Nussbaum- und Obstbaumholz gefertigt, da sich hier beim längeren Gebrauch und durch die Feuchtigkeit keine Fasern aufstellen, die sich beim Durchfahren im Mörtel abzeichnen würden.

Beim Ziehen der Profile und Gesimse zwischen Wand und Decke und bei der Tisch-, Wand- oder Deckenschablone ist das Schablonenbrett in der Mitte des Schlittens angebracht, weshalb auch von der Mittelschablone gesprochen wird (Bild 141 A und Bild 141 B). Bei der Kopfschablone ist das Profilholz an einer der Außenseiten des Schlittens befestigt, sodass der Zug möglichst nahe bis in die Ecken, also zur Gehrung oder zum Stoß hin ausgeführt werden kann (Bild 141 C).

Bei der Eckschablone für den Einsatz zwischen Wand und Decke sind die Läufer des Schlittens den Führungslatten entsprechend angepasst, sodass möglichst wenig Reibung zwischen Schlitten und Untergrund aufgebaut wird (Bild 141 D). Bei der

Hochdruckschablone für große, wuchtige Profile und Gesimse sind die Verbindungen von Profilholz und Schlitten in Form von Griffen zusätzlich verstärkt.

Es gibt auch Sonderausführungen, wie zum Beispiel die Radiusschablone mit festem und beweglichen Profilholz und der Scharnierlatte zum Ziehen von Bögen oder die zwei- und dreiteilige Schere für einen Korbbogenzug. Das Ovalkreuz wird zur Herstellung eines ellipsenförmigen Profils verwendet (Bild 142 und Bild 143), die Karnieslatte (Bild 144) erzeugt einen S-förmigen Profilzug.

Bild 142 Profilzug mit dem Ovalkreuz

Bild 143 Fertiges Stuckprofil

Dem Profilholz kann noch ein entsprechend konturiertes Blech vorgesetzt werden, das ein paar Millimeter über dieses vorsteht, was die Genauigkeit der Profilausbildung erhöht. Befindet sich das Blech bei der Profilherstellung auf der Vorderseite des Profilholzes, also in Zugrichtung, spricht man von »scharf fahren«, da der Mörtel von der Profiloberfläche abgeschabt oder geschnitten wird. Ist dagegen das Blech am Profilholz in entgegengesetzter Richtung angebracht, wird dies als »schlepp fahren« bezeichnet, da der Mörtel »mitgeschleppt« wird, sodass sich das Profil schneller aufbaut.

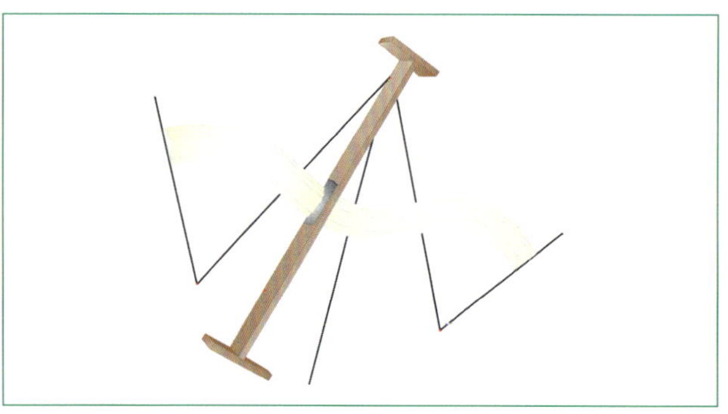

Bild 144 Karnieslatte

Für die Herstellung der Profile oder Gesimse sind mehrere Arbeitsgänge notwendig, die als Grob- und Feinzug bezeichnet werden. Der Mörtel wird dabei möglichst flächig, an die zu stuckierende Stelle angeworfen und mithilfe der Schablone, die an einer Führungslatte entlanggezogen wird, vormodelliert (Bild 145). Beim Grobzug verwendet man meist einen Mörtel mit größerer Zuschlagskörnung, in den bei großen und schweren Gesimsen teilweise Backsteinbruchstücke oder Holzkohlestücke zur Gewichtsminderung eingedrückt wurden. Für den Feinzug spritzte man anschließend eine Schlämme oder einen feinkörnigen Mörtel auf, der mithilfe der Schablone an der Profiloberfläche verdichtet werden konnte (Bild 146).

Bild 145 Ziehen von Stuckatur an einem Bogen in der neu erbauten katholischen Kirche Mariä Verkündigung in Schramberg-Sulgen.

Bild 146 Aufbau der Schichten eines barocken Kranzgesimses in Schloß Höchstädt an der Donau (Anfang 18. Jahrhundert)

Profile oder Gesimse können jedoch auch als Tisch- oder Rinnenzug vorproduziert und nachträglich versetzt werden (Bild 147). Der Vorteil des Vorproduzierens besteht darin, dass der Materialverlust deutlich geringer ist als beim Anwerfen des Mörtels an Wand und Decke.

Beim Tisch- oder Rinnenzug verwendet man einen schnell erhärtenden Mörtel, der nach dem Erhärten eine entsprechende Biegezugfestigkeit erreicht. Dafür eignet sich zum Beispiel niedrig gebrannter Gips, der dünnflüssig verwendet in mehreren Arbeitsgängen aufgegossen wird. Bei Profilen und Gesimsen mit größerem Querschnitt ist es sinnvoll, im Vorfeld einen Kern herzustellen, über dem die Stuckausarbeitung erfolgt, um das Gewicht des gezogenen Stucks zu verringern.

Bild 147 Rinnenzug

13 Stuckgestaltung im Wandel der Zeit

In den vorherigen Kapiteln wurde aufgezeigt, welche vielfältigen Voraussetzungen vorliegen mussten und welche Mörtelarten und Materialien für die Stuckentstehung nötig waren. Im Folgenden geht es darum, wie diese Technologien umgesetzt und angewendet wurden.

Stuckdecken werden auf der Grundlage interdisziplinärer Forschungsergebnisse seit 2008 nach technologischen Merkmalen kategorisiert.[112] Anhand einiger Beispiele aus der Praxis soll hier aufgezeigt werden, wie die verschiedenen Gruppen benannt werden, wie Stuck in der Vergangenheit ausgeführt wurde und wie sich die Technologie der Stuckausbildung weiterentwickelt und gewandelt hat.

13.1 Lehmkalkstuck

Ab 1589 bis 1602 wurde in Schloss Höchstädt an der Donau mit dem Neu- und Umbau unter dem Pfalz-Neuburger Herzog Philipp Ludwig begonnen. Als verantwortlicher Baumeister wird 1591 ein »Maister Gilg, welscher Maurermeister« genannt. Nach dem Tod von Philipp Ludwig wurde das Schloss von 1615 bis 1632 von der Pfalzgräfin Anna von Jülich-Kleve-Berg als Witwensitz bewohnt. Während dieser zweiten Ausstattungsphase kam es vermutlich zum Einbau von Quadraturdecken aus Lehmkalkstuck (Bild 148).

Die Lehmkalkstuckdecken weisen unterschiedliche geometrische Kassettierungen in Form von circa 10 cm hohen Profilzügen auf, die von einem umlaufenden

112 Pursche 2010

Kranzgesims mit aufgemodeltem Eier- oder Perlstabbesatz und einzelnen Löwenköpfchen eingerahmt werden.

Bild 148 Quadraturstuck von Schloss Höchstädt

Der Lehmkalkstuck auf den Holzbalkendecken mit eingeschobenen Lehmwickelstaken besteht aus einer flächig aufgetragenen Lehmstrohhäckselschicht. Fast immer wird die Lehmstrohhäckselschicht in noch frischem Zustand meist mit den Fingern oder einem Werkzeug vorstrukturiert oder auch nachträglich aufgeraut, um die Oberflächenhaftung für den späteren Kalkmörtelauftrag zu verbessern. In der fertigen Schicht wurden Ritzungen für den späteren Profilverlauf der Quadraturen angelegt, über die ein Kern aus Lehmstrohhäckselmörtel modelliert worden ist. Da der Lehmstrohhäckselmörtel nach Austrocknung leichter ist als der Kalkmörtel, dient dies zur Gewichtsreduzierung des Profils (Bild 149).

Bild 149 Ausbruch an einem Lehmkalkstuckprofil

Der weitere Arbeitsablauf, also die Herstellung der Profilzüge aus Kalkmörtel, erfolgte erst nach einer Trocknungspause des Lehms, da nur so eine ausreichende Adhäsion zwischen Lehm und Kalkmörtel bzw. späterer leichter Annässung der Oberfläche erreicht werden konnte. Diese Einschätzung rührt aus der praktischen Erfahrung während der Ausführung, denn zu feuchter Lehmuntergrund ist nicht geeignet, um den Kalkmörtel auf der Oberfläche zu stabilisieren. Beim Durchfahren mit der Schablone wird Druck ausgeübt, was dazu führt, dass sich ein Wasserfilm zwischen Lehmschicht und Kalkmörtel aufbaut. Der Kalkmörtel verliert infolgedessen die Haftung zum Untergrund.

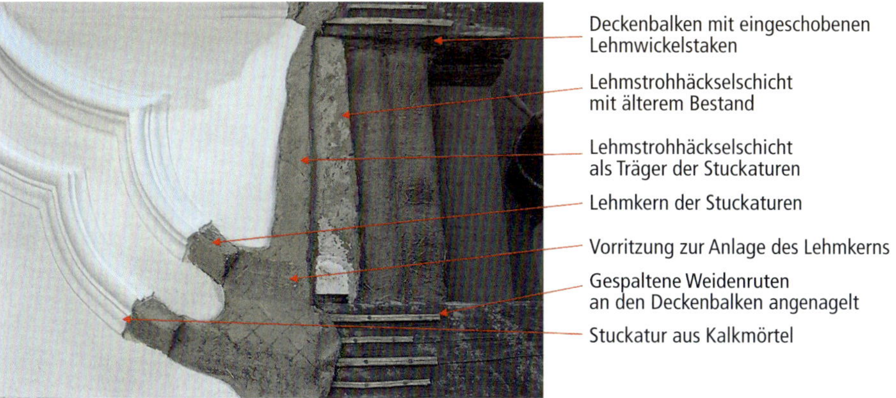

Bild 150 Muster des Deckenaufbaus der Lehmkalkstuckdecken von Schloss Höchstädt

Die Herstellung der Profile wurde mit einer Schablone aus Holz vorgenommen. An einigen Stellen der Profile konnten Spuren festgestellt werden, die durch ein Abrutschen bzw. Ausfahren der Schablone verursacht worden sind. Die Anlage der Profilzüge auf den Lehmerhöhungen erfolgte freihändig, das heißt ohne weitere Hilfsmittel wie Anschlaglatte etc. Die Freihandausarbeitung lässt sich besonders gut in den Abschnitten erkennen, an denen zwei Stuckprofile aufeinandertreffen (Bild 151). Beim Abnehmen der Schablone wurde der Mörtel nach unten abgezogen, sodass die Profile an den Ecken leicht nach unten auslaufen. Nach deren Fertigstellung wurden die Rücklagenflächen mit demselben Kalkputzmörtel in dünner Schichtdicke verputzt.

Bild 151 Schablonenspur im bauzeitlichen Stuck

Die chemische Analyse sowie die FTIR-spektroskopische und röntgenfluoreszenzspektroskopische Untersuchung einer Putzprobe des Kalkmörtels ergaben, dass die Probe zu 96,9 Masse-% aus Calciumcarbonat und einem geringen Anteil Eisenoxid besteht. 3,1 Masse-% bestehen aus Sand, Ton und organischen Fasern.

Bei der mikroskopischen Untersuchung bzw. im Anschliff der Probe ist eine weiße homogene Matrix erkennbar, in der eine geringe Zahl von kleinen gelblichen Domänen eingeschlossen ist. Diese Domänen sind vermutlich auf die Einlagerung von Lehmbestandteilen zurückzuführen. Im Anschliff sind auch die entsprechend durchstoßenen Fasern zu erkennen. Es handelt sich überwiegend um pflanzliche Fasern; unter anderem konnten Flachsfasern identifiziert werden (Bild 152), (Bild 153).

Bild 152 Putzprobe mit körniger Matrix und eingebetteten Fasern

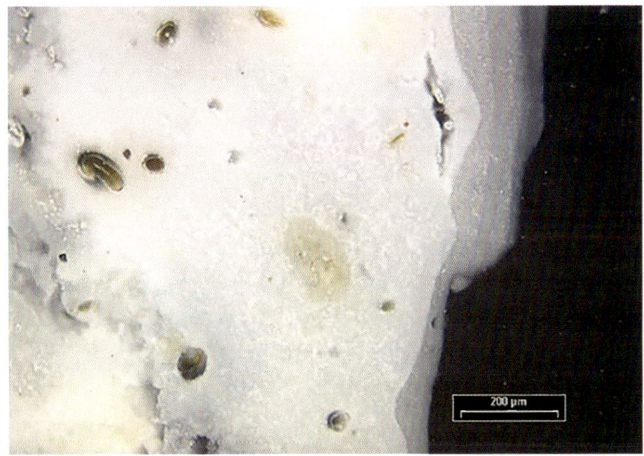

Bild 153 Querschliff der Probe (200-fache Vergrößerung): Auf der Oberfläche (rechter Bildbereich) liegen noch stellenweise mehrere Fassungen auf.

13.2 Früher Gipsstuck

Eine Sondergruppe nehmen frühe Stuckaturen aus Gipsmörtel ein, die dann bestimmten Künstlern, meist Bildhauern oder deren Werkstätten, zugeordnet werden können. Ein noch unbekannter »Bossierer« stuckierte von 1552 bis 1593 mehrere Decken auf Schloss Grumbach in Rimpar in der Nähe von Würzburg.[113] Anhand der Untersuchung von Grabungsfunden konnte bei Stuckfragmenten die Verwendung von Gips als Bindemittel bestätigt werden.[114]

Eine frühe Stuckierung aus Gips befindet sich auch in der Grabkapelle für Philipp II. von Hessen-Rheinfels in der Kirche von St. Goar am Rhein, die von Wilhelm Vernuken (1542–1607) und seiner Werkstatt 1591/92 ausgeführt worden ist.

Die kleine Grabkapelle (3,50 m · 3,20 m) besitzt ein vollflächig stuckiertes Kreuzgewölbe mit Rollwerkmotiven und vier Medaillons mit Tugenddarstellungen sowie Stuckierungen an den Wänden und am Eingangsbogen (Bild 154). Rechts und links des Eingangs sind zwei raumhohe Grabdenkmäler platziert.

Stuckelemente mit wiederkehrenden Formen wurden mit Formen oder Modeln vorgefertigt und nachträglich in das Gewölbe versetzt bzw. eingeklebt (Bild 155).

113 Eiden 2010, S. 153
114 Höfle & Knechtel 2014, S. 386

Bild 154 Scheidbogen am Zugang zur Grabkapelle: Stuckatur nach Restaurierung und Konservierung

Bild 155 Herabgefallenes originales Stuckfragment – die Rückseite ist aufgeraut, mit anhaftenden Resten der Verklebung

Materialanalysen zeigten, dass zur Stuckherstellung ein niedrig gebrannter Gips in sehr feinteiliger Form und in einem sehr hohen Reinheitsgrad verwendet worden ist. Hätte man einen Hochbrandgips eingesetzt, wäre eine Hydratisierung nicht derart vollständig abgelaufen und bei den Analysen wäre Anhydrit festgestellt worden. Alle Proben konnten zudem positiv auf Proteine getestet werden (Bild 156). Dem Gipsmörtel wurde also noch ein organisches Verzögerungsmittel auf Proteinbasis zugesetzt, das ein zu schnelles Abbinden des Mörtels verhinderte.

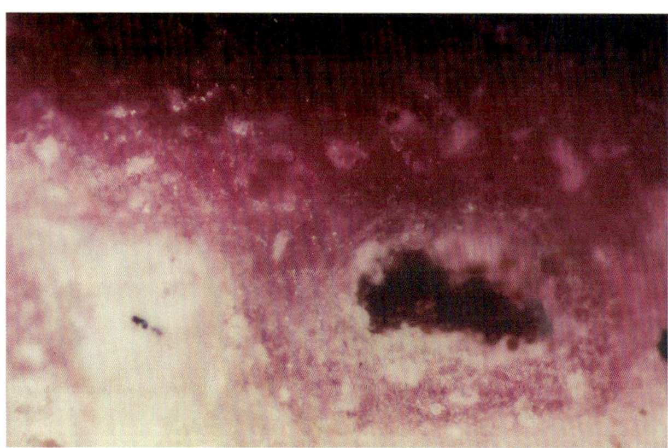

Bild 156 Anschliff einer Probe, 50-fache Vergrößerung: Nachweis – Anfärbung von Protein

13.3 Kalkgipsstuck oder Gipskalkstuck

Kalkgipsstuck oder Gipskalkstuck wird besonders ab der Barockzeit verwendet und ist nicht nur auf den Innenraum beschränkt, wie das Beispiel eines Bürgerhauses in Ravensburg beweist. Das Haus wurde 1498 bereits mit bemalter Schauseite zur Straße erbaut und 1757 durch den Baumeister Johann Caspar Bagnato (1696–1757) bzw. seinen Sohn Franz Anton Bagnato (1731–1810) mit Pilastergliederungen, Fensterumrandungen aus Stuckprofilen und Rocaille-Verzierungen überformt (Bild 157 und Bild 158).

Bild 157 Fassade nach der Restaurierung mit Rekonstruktion der bauzeitlichen Fassung

Bild 158 Die Löwenkonsole (Vorzustand) wurde auf die ältere Bemalung von 1498 aufstuckiert.

Proben der Feinstuckschicht sowie der nachfolgenden Putzmörtellage zeigten bei der Analyse mittels Pulverdiffraktometrie nahezu deckungsgleiche Scans. Im Mittel ergab sich ein Calciumcarbonatgehalt (errechnet aus CO_2) von etwa 46 %; der Gipsanteil (Calciumsulfat-Dihydrat) lag bei circa 29 %. Es handelte sich bei dem vorliegenden Material um einen Kalkgipsputzmörtel mit quarzitischem Zuschlag und weiteren Bestandteilen von Dolomit und Feldspat (Bild 159).

Bild 159 Fehlstelle, in der der zweilagige Aufbau des Stucks zu erkennen ist

Bild 160 Löwenkonsole – Endzustand mit Rekonstruktion der bauzeitlichen Fassung

Ein Beispiel für die Verwendung von Kalkgipsmörtel im Innenraum befindet sich in der katholischen Schlosskirche von Schloss Ludwigsburg. Den gesamten Stuck fertige 1718 der bekannte Stuckator Diego Francesco Carlone (1674–1750) mit seiner Werkstatt (Bild 161 und Bild 162).

Bild 161 Blick auf die Orgelempore der katholischen Schlosskirche in Ludwigsburg

Bild 162 Putti an der Herzogsloge

Der Stuck an der Empore der Herzogsloge besteht aus einem flächigen Grundputz aus Kalkputzmörtel und einem mehrschichtigen Stuckaufbau aus einem feinen Haufkalkmörtel (Zuschlag aus Neckarsand, Größtkorn bis 1,0 mm), dem ein geringer Gipszusatz als Anreger beigemischt worden ist. Der abschließenden

Feinstuckschicht, ebenfalls aus einem Kalkmörtel mit feinen Kalkspatzen, wurde ein erheblich höherer Gipszusatz beigemischt. In der Bindemittelmatrix sind nur noch vereinzelt Zuschlagkörner vorhanden (Körnung > 0,6 mm). Durch die Feinkörnigkeit und den höheren Gipszusatz konnte so zügig eine geschlossene bzw. geglättete Oberfläche beim Ausmodellieren der Konturierungen hergestellt werden (Bild 163).

Bild 163 Fehlstelle: Kalkgipsputz (gelblich) und Feinstuckschicht (weiß)

Carlone verwendete aber auch, wie zum Beispiel bei den Putti, Teilgussstücke. Partiell wurden einzelne Gesichtsbereiche, Ohren und Flügel aus vorproduzierten, aber noch plastischen Teilen in die frei angetragene Stuckatur eingesetzt und angeputzt (Bild 164 und Bild 165).

Bild 164 Nachträglich angesetztes Ohr

Bild 165 Fingerabdruck eines Stuckators

13.4 Gipsstuck – Trockenstuck

Die Anwendung von Trockenstuck war bereits seit dem 18. Jahrhundert bekannt und kann gelegentlich bei Restaurierungsarbeiten beobachtet werden (Bild 166).

Bild 166 Verschraubter Stuck (18. Jahrhundert)

Um diesen Stuck, den man in der Werkstatt fertigte, für den Transport und Montage stabiler zu machen, wurde meist eine Armierung aus Fasern oder ein Gewebe aus Jute in den Abguss eingearbeitet. Bei der Herstellung der Replik wurde nicht die gesamte Form ausgegossen, sondern nur eine Schale oder Hohlform hergestellt. Der Vorteil war eine deutliche Gewichtsreduzierung im Gegensatz zu einem Vollguss und eine schnellere Trocknung des Abgusses, der durch die Fasern oder das Gewebe zudem eine höhere Biegezugfestigkeit erhielt, was der Bruchgefahr entgegenwirkte (Bild 167 und Bild 168).

Bild 167 Fehlender Kopf eines Putto mit Resten der Jutearmierung

Bild 168 Detail aus Bild 167

Für großflächigere Motive wurden die Formen geteilt, der jeweilige Abguss angefertigt und erst vor Ort das vollständige Motiv zusammengesetzt, befestigt und eingeputzt.

Die Montage des Trockenstucks erfolgte oft mit einem gipshaltigen Kleber, aber auch ein Verschrauben oder Annageln der Gussteile war eine gängige Befestigungsmethode (Bild 169 bis Bild 171).

Bild 169 Angenagelte Trockenstuckplatte (1902)

Neben Gipsmörtel verwendete man im 19. und 20. Jahrhundert verschiedene Mörtelmischungen zur Trockenstuckherstellung. So meldete der Bildhauer und Gründer der 1884 gegründeten Detmolder Kunstwerkstätten Albert Lauermann 1902 ein Patent auf »Stuccolin« und »Gipsoxylin« an, Mischungen aus Gips, Kieselgur, Cellulose, Kautschuk, Sisal- oder Jutefasern. Damit konnten Stuckelemente ohne Grundplatte und mit sehr leichtem Gewicht produziert werden. In den Folgejahren wurden immer mehr Versuche mit Mörtelmassen unternommen, sodass bei Restaurierungen solcher Stuckaturen ganz unterschiedliche Materialzusammensetzungen vorgefunden werden können.[115]

Bild 170 Spiegelornament an der Decke eines Zimmers in einem Mietshaus in Stuttgart von 1893

Bild 171 Detail Verschraubung

115 Fink 1994, S. 159–184

14 Erhaltung von historischem Putz und Stuck

Wie Ivo Hammer am Ende seines Aufsatzes »Die geschundene Haut. Bedeutung und Erhaltung von Architekturoberflächen« so treffend schreibt, werden für die Erhaltung historischer Oberflächen sowohl Restaurator:innen als auch Maurer:innen und Maler:innen gebraucht. Jede dieser Berufsgruppen hat eine spezifische Aufgabe zu leisten. Will man Denkmalpflege ernst nehmen in ihrem Bestreben und ihrem Anspruch, Werte zu erhalten, dann darf nicht willkürlich entschieden werden, ob eine Erhaltungsmaßnahme eine restauratorische oder handwerkliche Aufgabe ist. *»Die Frage darf also nicht lauten: Wer arbeitet an welchem Objekt? Sondern die Frage muss lauten: Wer macht was am (denkmalgeschützten) Objekt?«*[116]

Eine Maßnahme zur Erhaltung von historischem Putz und Stuck kann unter Umständen so komplex sein, dass eine Berufsgruppe allein sie nicht bewältigen kann. Es hat sich in unserer beruflichen Praxis immer wieder sehr bewährt, in einem Team aus Handwerker:innen und Restaurator:innen zu arbeiten und damit auf die Kenntnisse und praktischen Fähigkeiten beider Berufsgruppen zurückgreifen zu können.

Im folgenden Kapitel zur Konservierung und Restaurierung soll daher gezeigt werden, wie eine solche Teamarbeit aussehen kann.

Gerade bei der Konservierung und Restaurierung von Putz und Stuck sind die Grenzen der Fachbereiche oft fließend; neben Objekten, bei denen zum Beispiel nur Restaurator:innen tätig werden sollten, gibt es ebenso Bauwerke, an denen die Maßnahmen nur durch Fachhandwerker:innen ausgeführt werden. Wir möchten hervorheben, wo die Gemeinsamkeiten und die Unterschiede in der Aufgabenstellung liegen und wie Kompetenzen sinnvoll gebündelt werden können.

116 Hammer 1998, S. 135

14.1 Was ist eigentlich ein Schaden?

Bevor über Maßnahmen nachgedacht werden kann, ist zu überlegen, was eigentlich ein Schaden ist. Diese Frage erscheint auf den ersten Blick banal, denn man glaubt ja, sehen zu können, was an Putz oder Stuck schadhaft ist und was nicht, aber dem ist leider oft nicht so. Zahlreiche Phänomene ordnet man aus Unkenntnis ihrem Erscheinungsbild nach den Schäden zu, sie lassen sich aber als solche nicht definieren. Nehmen wir als Beispiel das Phänomen der Frühschwundrisse im Putz. Sie können sich an einer sehr verschmutzten Wand oder im Gewölbe zum Teil sehr dramatisch manifestieren. Die Flächen sehen dann aus, als wären sie mit einem schwarzen Spinnennetz überzogen (Bild 172).

Bild 172 Frühschwundrisse im Putz (Berner Münster, Chorgewölbe 1517): Die Reinigungsprobe zeigt, dass die Risse nach der Reinigung nicht mehr in Erscheinung treten.

Oft wird auch unter Fachhandwerker:innen noch darüber diskutiert, welche Maßnahmen dagegen zu ergreifen sind. Die Antwort lautet in diesem Fall fast immer: »Nichts!« Frühschwundrisse sind feine Haarrisse, die während des Erstarrungs- und Erhärtungsprozesses des Putzmörtels entstehen. Sie können unterschiedliche Ursachen haben: Manchmal ist die Putzmörteldicke etwas zu stark oder das Mischungsverhältnis etwas zu fett, oder der Untergrund saugt nicht ganz gleichmäßig. All das kann dazu führen, dass sich beim Abbinden sehr feine Risse und manchmal auch kleine Hohlstellen bilden. Die Putzfläche selbst ist aber meist völlig intakt und ohne weitere Schäden. Sichtbar werden diese Risse auch erst, wenn sich nach langer Zeit Staub in ihnen ablagert und sie dadurch in der meist weiß gekalkten Fläche unschön auffallen. Nach einer Trockenreinigung verschwinden sie fast immer vollständig und die Oberfläche erscheint wieder ohne jeden Makel. Es besteht kein Sicherungsbedarf am Rissbild selbst und somit liegt auch kein Schaden vor, sondern ein technologisch bedingtes Phänomen. Ähnlich ist es bei Hohlstellen. Sie sind oft sehr alt und beim Erhärten des Materials entstanden. Auch sie bedürfen keinerlei Maßnahme. Erst wenn sich das Materialgefüge um eine Hohlstelle zum Beispiel durch äußere Einflüsse ändert, sich die Putzschicht löst und deutlich hörbar beim Klopfen klappert, sind Maßnahmen zur Sicherung erforderlich.

Das Phänomen der Schwundrisse begegnet uns auch an Stuckdecken. Hier ist es oft noch auffälliger. Viele Stuckdecken wurden schon aufgrund dieses feinen Rissbildes unnötigen Maßnahmen unterzogen, wie Risserweiterungen mit anschließenden Kittungen. In der Folgezeit stellen sich nach solchen Eingriffen meist wirklich Schäden ein, die nur noch schwer zu beheben sind.

Auch an der Stuckdecke entstehen die feinen Haarrisse unmittelbar nach dem Auftrag des Putzmörtels auf die Lattung. Durch das unterschiedliche Ausdehnungs- und Schwindverhalten von Lattung und Putz kommt es naturgemäß zu Bewegungen. Beim Erstarren und Erhärten des Putzmörtels kann dies zu feinen Rissen führen (Bild 173 und Bild 174). Charakteristisch verlaufen sie meist entlang der Lattung oder der Balken und können bei jeder intakten Stuckdecke auftreten. Nach einer Trockenreinigung der Oberfläche ist auch hier das feine Rissbild meist nicht mehr zu sehen.

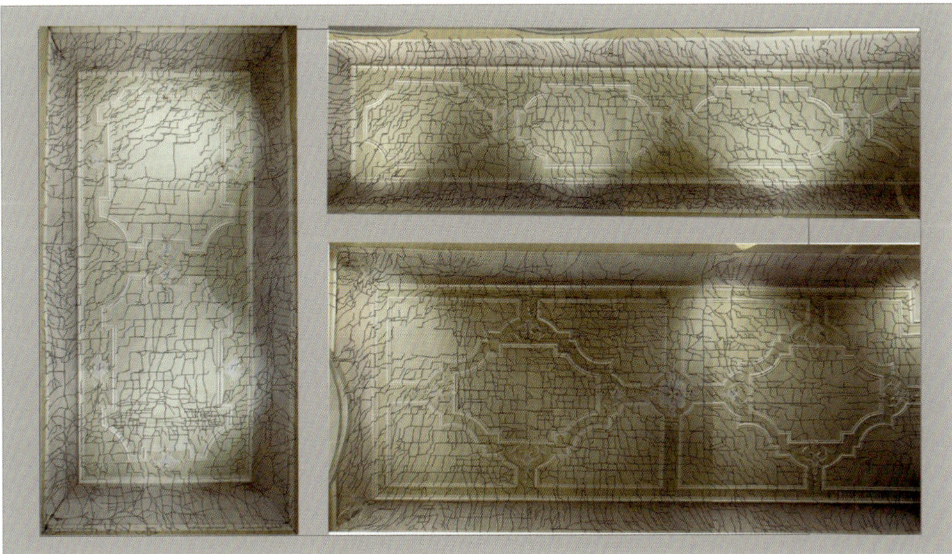

Bild 173 Kartierung von Frühschwundrissen in einer barocken Putzoberfläche (Stuckdecke, Bergkirche Neunkirch)

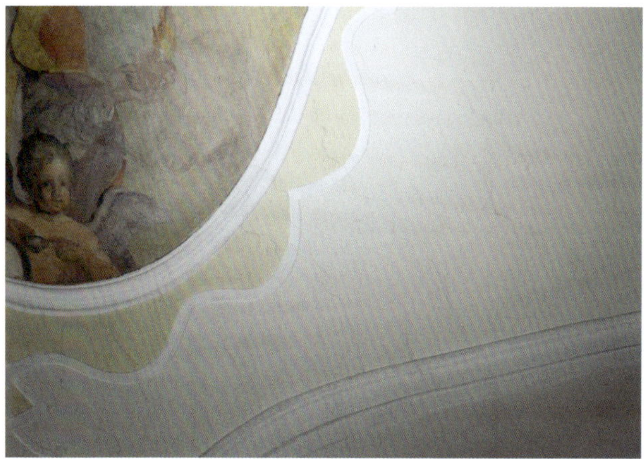

Bild 174 Schwundrisse in einer stuckierten Decke einer Kirche aus dem Jahr 1734

Wichtig ist, vor jeder geplanten Maßnahme zu prüfen, ob es einen echten Schaden gibt, der auch eine Ursache haben muss, oder ob sich das Erscheinungsbild auf ein technologisch bedingtes Phänomen zurückführen lässt. Dazu gehören unter anderem auch sehr viele Farbveränderungen, die sich bedingt durch chemische Prozesse über einen langen Zeitraum manifestiert haben und nicht mehr rückgängig gemacht werden können. Auch sie sind nicht als Schäden zu definieren. Handelt es sich aber um Farb- oder Materialveränderungen durch zum Beispiel Wasserschäden, ist unbedingt erst die Ursache zu suchen und zu beseitigen (Bild 175).

Bild 175 Wasserschaden infolge undichter Dachrinnen: Es hat sich hier bereits ein rotes Bakterium angesiedelt und die Putzfläche rosa verfärbt.

Andere Schädigungen haben mechanische oder statische Ursachen, wie zum Beispiel das Absenken eines Gebälks oder eines anderen Bauteils, eine falsche Beschichtung oder ein Anstrich. Auch hier muss erst die Ursache behoben werden, bevor an die Sicherung und Reparatur gedacht werden kann. Das Gleiche gilt auch für Schäden, die durch Salzbelastungen vor allem im Sockelbereich auftreten.

Schäden können also vielfältige Gründe haben. Für einen Schaden muss sich immer eine Ursache finden lassen. Wenn möglich, muss diese Ursache behoben werden, erst dann sind Maßnahmen zur Beseitigung der Schäden und eine Sicherung des Bestands auch sinnvoll und nachhaltig (Bild 175).

Technologisch bedingte Phänomene sind keine Schäden. Ihre Ursachen liegen im Materialverhalten selbst. Sie sind meist nur am verschmutzten Bestand sichtbar und brauchen keinerlei Maßnahmen.

Es gilt also, im Vorfeld einer Reparatur oder Restaurierung von Putz und Stuck genau zu prüfen, ob tatsächlich echte Schäden vorliegen und wie mit ihnen umgegangen werden muss. Auf diese Weise lassen sich viele unnütze, oft kostspielige und für das Objekt meist schädliche Eingriffe vermeiden.

14.1.1 Putzschäden

Schadensbilder, die sich an einer Putzfläche abzeichnen können, stehen fast immer im Zusammenhang mit einer lang anhaltenden Durchfeuchtung, bei der es in den Wintermonaten zu Frost-Tau-Wechseln kommt, die beim Gefrieren des eingedrungenen Wassers im Putzmörtelgefüge und zwischen den einzelnen Schichten Schäden verursachen können. Anfangs finden nur mikroskopische Veränderungen im Porengefüge statt, die erst bei mehrmaligen Frost-Tau-Wechseln zu einer Gefügezermürbung und zur sichtbaren Schädigung, wie Rissen und Hohlstellenbildungen, zum Absanden der Oberfläche und zum Schluss auch zum Totalverlust führen können (Bild 176). Bei jeder lang anhaltenden Durchfeuchtung treten weitere schadenauslösende Faktoren hinzu, die eng mit der Bildung, dem Transport und der Einlagerung von wasserlöslichen Salzen[117] verbunden sind.

Der Ursprung von Salzen am Bauwerk kann sehr unterschiedlich sein. Sie können Bestandteil der Baustoffe selbst sein oder aus der Umgebung in das Mauerwerk gelangen, zum Beispiel aus dem angrenzenden Erdreich. Auch durch chemische oder biochemische Reaktion von Bestandteilen der Baustoffe mit Stoffen aus der Atmosphäre können sich Salze bilden. Ihre Schadwirkung beruht auf verschiedenen Eigenschaften.

117 Neutralisationsprodukte von Säuren und Laugen

Salze sind erstens hygroskopisch, das heißt, sie lagern Feuchtigkeit aus der Umgebungsluft ein. Salzbelastete Bauteile können daher mehr Wasser aufnehmen, als es ihrer eigentlichen Sättigungsfeuchte entspricht. Verfärbungen und Feuchteflecken an Fassaden sind häufig auf die hygroskopische Wirkung von Salzen zurückzuführen.

Zweitens sind manche Salze leicht löslich. Je nach Temperatur und Umgebungsfeuchte gehen sie in Lösung und werden im Porensystem der Baustoffe durch das Bauteil bis in die Verdunstungszone transportiert.

Beim Auskristallisieren in der Verdunstungszone lauert die größte Gefahr: Salze können ihre Kristallstruktur ändern und dabei ihr Volumen stark vergrößern. Dieser Vorgang wird als Hydratation bezeichnet und kann zur Zerstörung des salzbelasteten Baustoffs führen. Das Gefüge von Putzmörteln wird durch den Prozess von Feuchteeinlagerung und Hydratation langsam zermürbt und es stellen sich Schadensbilder wie Krusten- und Blasenbildungen, Abkreiden oder Absanden oder der vollständige Verlust des Putzes ein.

Bild 176 Schäden durch Feuchtigkeit und Salze im Sockelputz aus Trasszement an einer Kirche bei Güglingen

Ein Großteil der Schäden an historischen Putzen geht aber vor allem auf frühere Instandsetzungen mit unsachgemäßen Materialien zurück. Hydrophobierende Beschichtungen und ungeeignete Anstriche haben in mehrfacher Hinsicht schädliche Auswirkungen auf einen historischen Putz. Die Feuchtigkeitsabgabe aus dem Untergrund wird durch sie gestört und der Trocknungsvorgang stark verlangsamt. Daraus resultiert, dass die chemischen, physikalischen und mikrobiologischen Schadensprozesse wesentlich intensiver und länger einwirken können. Offensichtliche Schadensbilder sind Blasenbildungen im Anstrich, Salzeinlagerungen und eine Zermürbung des Putzgefüges, wie in Bild 177 und Bild 178 beispielhaft zu sehen ist. Hier ist der Putz unter dem intakt wirkenden Anstrich feucht und mürbe.

Bild 177 Putzschaden durch zu dichten Dispersionsanstrich am Rathaus in Eppingen

Bild 178 Farbabplatzungen (Kunstharzfarbe) und jüngerer Zementüberzug an einem Schloss nahe Heilbronn

Jeder Eingriff und jede Instandsetzungsmaßahme an einem historischen Gebäude kann im schlimmsten Fall auch zu Schäden führen. Bei Putzabnahmen können durch den Einsatz von Maschinen auch Mauerwerk und darunterliegende Mauermörtel beschädigt werden. Die dann im Anschluss für die Reparatur der noch verbliebenen Putze eingesetzten industriellen Werkfertigmörtel sind in ihrer Beschaffenheit oft viel zu hart und auf den historischen Bestand nicht abgestimmt. Schäden für die Zukunft sind damit programmiert (Bild 179 und Bild 180).

Bild 179 Schäden durch ungeeignete Materialien im Sockelbereich einer Kirche in Winnenden; außen: Sanierputz, innen: Ergänzungen mit Gips

Bild 180 Pfarrhaus Dahenfeld bei Neckarsulm: Sperrputz aus Zement im Sockel; die Feuchtigkeit entweicht weiter oben.

Eine weitere mögliche Ursache für Schäden findet sich im pflanzlichen Bewuchs, in Flechten, Algen, Moosen oder der Besiedlung durch Mikroorgansimen. Solche Erscheinungen sind aber eher als Folge und nicht als Ursache eines Schadens zu sehen. Voraussetzungen für das Wachstum sind das Vorhandensein von Wasser sowie die Verfügbarkeit von Nährstoffen (Bild 181). Die Organismen benötigen ausreichend lange Perioden mit wachstumsfördernden Feuchtebedingungen. Daher werden bevorzugt die Gebäudeoberflächen besiedelt, die nicht oder nur sehr kurz von der Sonne beschienen werden oder die langsamer abtrocknen, zum Beispiel exponierte Kanten, auf denen Regenwasser stehen bleiben kann (Bild 182). Das Schadenspotenzial besteht zum einen darin, dass aus dem Untergrund Bestandteile der Bindemittel durch enzymatische Reaktionen in Lösung gebracht werden (Säuren), und zum anderen, dass durch mechanische Aktivitäten, wie das Einwachsen von Wurzeln in kleine Rissen und Spalten, einzelne Schichten zerstört werden.

Bild 181 »Wasserläufer« an einer Sockelkante mit Besiedlung von Algen, Flechten und Moos

Bild 182 Beschattete Wandfläche mit Algen- und Flechtenbewuchs

Abgesehen von den bereits genannten putzbedingten Rissbildungen, die als technologische Phänomene zu sehen sind, können Risse und Hohlstellen auch auf bauwerksinterne Schadensprozesse zurückzuführen sein. Baudynamische Rissbildungen lassen sich nie durch eine Reparatur des Putzmörtels beheben und werden kurz- oder langfristig wieder auftreten (Bild 183). Solange keine Gefährdung der Standsicherheit des Gebäudes besteht, sind die Risse zwar unschön, sollten aber auf keinen Fall großflächig bearbeitet werden.

Bild 183 Rissbildung im Deckputz trotz Putzgewebe an einem Altstadthaus in Ravensburg

14.1.2 Schadensbilder – Stuck

Die häufigsten Schadensbilder an Stuckaturen, vor allem von stuckierten Gewölben und Flachdecken, stehen im Zusammenhang mit Schäden an der Konstruktion. Hauptauslöser für diese Schäden sind Temperaturschwankungen, eindringende Feuchtigkeit und Kondensation im Bereich des Mauerwerks, wodurch die hölzernen Auflager durch Mikroorganismen, Pilze (Hausschwamm) und Insekten geschädigt werden können. In den meisten Fällen ist dann auch der hölzerne Putzträger betroffen oder die Verdrahtung oder Bewehrung durchgerostet. Nicht zu unterschätzen sind auch Erschütterungen, die durch vorbeifahrende Fahrzeuge oder Baumaßnahmen verursacht werden und durch die auftretenden Schwingungen in der Konstruktion zu Rissbildungen und im schlimmsten Fall zur Ablösung der Putzschichten und der Stuckaturen führen können. Im Beispiel in Bild 184 A hat sich die Putzfläche infolge von erhöhten Schwingungen der Deckenbalken und der Spalierlattung am schwächsten Punkt, dem Lattenstoß, abgelöst.

Aber auch Staub und Verschmutzungen, das heißt organische Auflagerungen mit Kompressenwirkung, die zu Säure- und Salzbildungen führen und die Ansiedlung von Mikroorganismen begünstigen, können sich negativ auf die Oberflächen der Stuckaturen auswirken (Bild 184 B).

Ein sehr häufiges und das wohl größte Problem sind frühere Instandsetzungen von Stuckaturen.

Die Schadensbilder, die in diesem Zusammenhang stehen, reichen von Verschraubungen über Rissaufweitungen bis zum Einbringen von inkompatiblen Fremdmaterialien. Bild 184 C zeigt einen Stuck aus dem 17. Jahrhundert. Durch überflüssige Verschraubungen bilden sich heute dunkle Verfärbungen. Die Verkittungen an fast allen Schraubstellen waren lose und durch Rost geschädigt. In Bild 184 D sieht man Perforierungen entlang von Rissen und Fehlstellen. Manchmal werden völlig intakte Stuckdecken grundlos perforiert, um sie vermeintlich zu sichern. Der Grund für die Maßnahme in Bild 184 E war ein hohler Klang beim Abklopfen. Eine Stuckdecke klingt aber aufgrund ihrer Konstruktion immer hohl. Hier wurde ein Schaden produziert, wo vorher keiner war. Neben der Zerstörung bauzeitlicher Substanz führen diese Schadensursachen durch wechselseitige Einwirkung zu Schäden im Gefüge, schwächen dieses oder bewirken sogar eine reduzierte Tragfähigkeit (Bild 184 F und Bild 184 G). Besonders durch inkompatible Fremdmaterialien, die in Form von Festigungsmaterialien und Materialkombinationen nachträglich eingebracht oder aufgetragen wurden und nicht mehr reversibel sind, zum Beispiel Kunstharzanstriche wie in Bild 184 H, können gravierende Schadensbilder provoziert werden, die teilweise erst nach Jahrzehnten sichtbar werden.

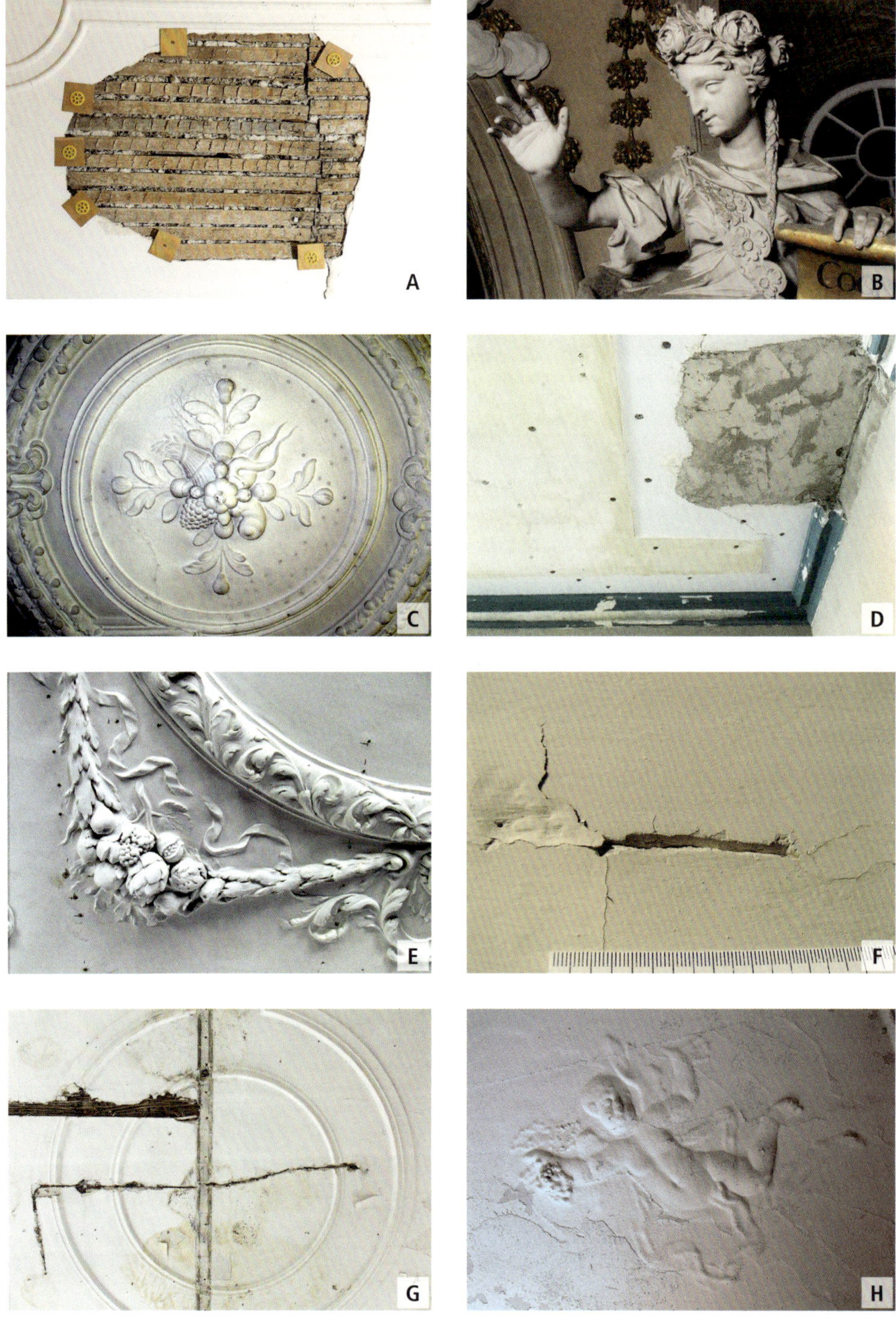
A
B
C
D
E
F
G
H

Bild 184 Stuckschäden
A) Ablösung einer Putzfläche am Lattenstoß
B) Staub- und Schmutzablagerungen
C) Stuckschäden durch Verschraubung
D) Perforierung entlang von Rissen und Fehlstellen
E) Stuckschäden durch unnützes Anbohren
F) Rissaufweitung führt zur Entstehung von zwei Rissen.
G) Defekt des Putzträgers, verursacht durch das Aufschlitzen von Kabelführungen
H) Bis zur Unkenntlichkeit überstrichener Stuck mit Kunststoffdispersion

Als Beispiel für die Bearbeitung einer Lehmkalkstuckdecke mit einem inadäquaten Material kann die Decke in Bild 185 angeführt werden, bei der vermeintliche Schäden bei einer früheren Instandsetzung mit einem Baugips behoben worden sind. Entlang der Gipsergänzungen haben sich Risse gebildet. Bereits während des Abbindevorgangs des gefügefremden Gipses im Kalkstuck kommt es mit dem Verfilzen der Kristalle und der Aufnahme von Wasser zu einer exothermen Reaktion und Volumenvergrößerung des Gipsmörtels.

Bild 185 Risse in einer Lehmkalkstuckdecke, Pfarrhaus Dahenfeld (1758–1760)

Bild 186 Die Gipsergänzung ist mit dem Lehmuntergrund regelrecht »verbacken«.

Nach der Erhärtung des Gipsmörtels reicht schon eine Änderung der relativen Luftfeuchte, um verschiedene Lösungs- und Dehydrationsprozesse im Gipsgefüge in Gang zu setzen. Da die Sorptionsfähigkeit des Lehmuntergrundes deutlich höher ist, kommt es zu einer Einwanderung des Gipses in die Schichtung des Lehms und mit dem Kristallwachstum zur Aufspaltung der Lehmstruktur bis hin zur Auflösung des Lehmgefüges (Bild 186). Gleichzeitig wird auch die Kontaktzone des bauzeitlichen Kalkputzmörtels vom Gips durchdrungen, sodass die beiden Materialien regelrecht miteinander »verbacken«. Neben einer Gefügezermürbung und Ablösung des Lehms ist der Baugips an den Ausbruchstellen gleichzeitig irreversibel mit der Stuckatur verbunden.

15 Historischer Putz – Konservieren, Reparieren, Rekonstruieren

Die Erkenntnis, dass ein Putzmörtel ein Bestandteil der Architekturoberfläche ist und mit seiner Farbigkeit und Struktur diese maßgeblich prägt, setzt sich erst langsam durch. Viele historische Putzfassaden werden heute meist aufgrund natürlicher Alterung, Abwitterung und unzureichender Instandhaltung als unästhetisch angesehen. Bis heute hält sich leider das Credo, dass auch eine historische Putzfassade schön und makellos auszusehen hat. Der Verputz wird dann oft ohne weitere Untersuchungen ersetzt. Sie gilt nach wie vor als »Verschleißschicht«, was fatale Folgen haben kann. So fallen möglicherweise aus Unkenntnis auch sehr alte und wertvolle Putze ohne weitere Begutachtung und Dokumentation Überarbeitungen und umfangreichen Instandsetzungen zum Opfer.

Die Bandbreite von Arbeiten am historischen Putz ist daher sehr groß. Sie kann von einfachen Ausbesserungen und Reparaturen bis hin zu komplizierten und komplexen Konservierungs- und Restaurierungsmaßnahmen reichen. Die Beispiele, die nun folgen, sollen das etwas verdeutlichen. Sie sind nicht als Arbeitsanleitung zur Restaurierung und Konservierung gedacht, sondern möchten die Vielschichtigkeit der Herangehensweisen aufzeigen.

15.1 Konservierung und Restaurierung

Das folgende Beispiel steht für eine umfassende und sehr komplexe Konservierung und Restaurierung an mittelalterlichen Putzen. Bei dieser Aufgabe hat sich auch gezeigt, wie sinnvoll und wichtig ein interdisziplinäres Arbeiten bei der Putzrestaurierung ist und wie aufwendig eine solche Arbeit sein kann. Die Arbeiten wurden von hoch qualifizierten Restaurator:innen ausgeführt und durch die

Denkmalpflege, eine Naturwissenschaftlerin und eine Diplom-Restauratorin als Fachberaterin begleitet.

Das Ritterhaus ist Teil der zwischen 1191 und 1198 gegründeten Kommende des Johanniterordens in der Gemeinde Bubikon bei Zürich, die zu den besterhaltenen in ganz Europa gehört (Bild 187). Sie hat eine sehr bewegte (Bau-)Geschichte und ebenso besonders ist auch die Geschichte ihrer Fassadenputze.[118]

Bild 187 Nordost-Ansicht der Kommende Bubikon mit Ritterhaus
(Foto: Beat Waldispühl, Dagmersellen)

Außergewöhnlich am Ritterhaus ist der große Bestand an historischen Außenputzen, deren Entstehung zum Teil bis in die Erbauungszeit zurückreichen. Ein Umstand, der nur noch sehr selten zu beobachten ist. Es passiert leider viel zu oft, das vermeintlich unscheinbare Putzflächen mit einem noch dazu scheinbar gestörten Erscheinungsbild übersehen oder falsch eingeschätzt werden. In Bubikon war das glücklicherweise nicht der Fall. Bereits in den 1940er-Jahren hatte man neben umfangreichen Erneuerungen auch an einem Teil der Fassade diese mittelalterlichen Putze sorgsam gesichert. Die ersten Sicherungsmaßnahmen waren ein wichtiger Bestand für die Restaurierungsgeschichte und wurden in das neue Konzept zur Konservierung miteinbezogen.

Für die geplanten Maßnahmen sollte daher nach einem Konzept gesucht werden, bei dem das Erscheinungsbild der gealterten Oberflächen beibehalten, jedoch gefährdete Putzpartien gesichert und konserviert werden konnten.

Voraussetzung für ein solches nachhaltiges Konzept ist die genaue Kenntnis über den Bestand und den Zustand der Putze. Am Ritterhaus wurden in einer umfang-

118 Ritterhausgesellschaft Bubikon, 2021

reichen Voruntersuchung die unterschiedlichen Entstehungsphasen der Putze, die an verschiedene Bauetappen gekoppelt waren, in Übersichtskartierungen und Beschreibungen festgehalten. Gleichzeitig wurden in einer weiteren Kartierung Putzschäden festgehalten (Bild 188). Zusätzlich konnten Putzanalysen zur Zusammensetzung durchgeführt werden. Durch die Bestandsaufnahme zusammen mit Kartierungen, Schadensbeschreibungen und Analysen erhielten die Restaurator:innen entsprechende Erkenntnisse, die es ihnen ermöglichten, die außergewöhnlichen Putze zu beurteilen.

Bild 188 Kartierung der Putzphasen (Kartierung: Beat Waldispühl, Dagmersellen)

Die mittelalterlichen Kalkputze hatten ursprünglich ein ganz besonderes Aussehen. Die Oberflächen waren glatt und ungestrichen. Der Kalkputzmörtel war mit der Kelle geglättet, dabei blieben einzelne vorstehende Steinköpfe sichtbar, ähnlich der Ausführung in Pietra rasa. Nach dem Putzmörtelauftrag wurde im noch frischen Kalkputzmörtel eine waagerechte Fugenritzung mit der Kelle zur Gliederung der Fassade ausgeführt. Sehr interessant war zu beobachten, dass die Ritzungen eine bestimmte Länge hatten und am Anfang und Ende einen leichten Bogen machten. So konnte man den Arbeitsverlauf und die Armlänge des Handwerkers gut ablesen. Bild 189 zeigt die Oberfläche des Putzes einer Phase aus dem 13. Jahrhundert mit Ritzungen und freistehenden Steinköpfen.

Bild 189 Putzritzung – Zustand nach der Konservierung (Foto: Beat Waldispühl, Dagmersellen)

Nach mehr als 1000 Jahren ist die Alterung an einer solchen Putzoberfläche selbstverständlich nicht zu übersehen. Die ursprüngliche Sinterschicht des Kalkputzmörtels war nicht mehr vorhanden. Unter einem kleinen Bereich, der durch eine etwas jüngere Putzschicht überlappt wurde, konnte man jedoch die einst sehr glatte Fläche noch sehen; hier hatte sich ein Stück unverändert erhalten. Die Oberfläche wirkt heute körnig und offen (Bild 190). Sie hat aber immer noch ihre innere Festigkeit bewahrt und auch die Bindemittelmatrix des Kalkputzes, die zum Teil von zentimetergroßen Kalkspatzen durchsetzt ist, hat ihre Stabilität nicht eingebüßt. Die Zusammensetzung der einzelnen Putzmörtel selbst unterschied sich hingegen nicht sehr stark. Eine Tatsache, die wieder ein Beleg dafür ist, dass Baustoffe aus der Region verarbeitet wurden und Sandgruben oft über Jahrhunderte in Gebrauch waren.

Bild 190 Die Oberfläche aus dem 12. Jahrhundert ist weitgehend verloren, die Putzstruktur und -festigkeit jedoch immer noch erhalten. (Foto: Beat Waldispühl, Dagmersellen)

Bei der Schadensaufnahme legten die Restaurator:innen vor allem ein Augenmerk auf die Schwachstellen der bauzeitlichen Putze, die sich an den Übergängen zu Steinköpfen gebildet hatten oder in Bereichen, an denen sich Putzausbesserungen bereits gelockert hatten. Hier waren Putzablösungen entstanden, die das Eindringen von Wasser begünstigen und damit langfristig zu Schäden führen können (Bild 191).

Bild 191 Schäden im Vor- und Endzustand: Putzablösung entlang eines Steins mit offenen Putzanschlüssen
A) Zustand vor der Restaurierung
B) Zustand nach der Anböschung mit trocken gelöschtem Kalkmörtel
(Foto: Beat Waldispühl, Dagmersellen)

Diese Abschnitte wurden mit großer Sorgfalt durch Anböschungen geschlossen – eine aufwendige Arbeit, bedenkt man die Größe der Fassade und die zahlreichen Stellen, an denen sich dieser Schaden fand. Die Restaurator:innen verwendeten für die Anböschungen einen auf der Baustelle selbst hergestellten Haufkalkmörtel, der dem originalen Mörtel in der Zusammensetzung entsprach (Bild 192 und Bild 193).

Bild 192 Materialien zur handwerklichen Herstellung von Haufkalkmörtel auf der Baustelle
(Foto: Beat Waldispühl, Dagmersellen)

Bild 193 Fertig abgelöschter Haufkalkmörtel (Foto: Beat Waldispühl, Dagmersellen)

Zusätzlich wurde die Fassade gereinigt. Es gab durch die raue Oberfläche zum Teil starken Flechtenbewuchs, der vorsichtig entfernt werden musste. Ebenso wurden lockere Putzbereiche um die Steine herum durch Hinterfüllungen gesichert. Die Arbeiten wurden schriftlich, fotografisch und zeichnerisch umfangreich dokumentiert.

Das Ergebnis der über Monate dauernden Arbeiten ist bemerkenswert. Das Erscheinungsbild der Fassaden hat sich durch die wichtigen konservierenden Eingriffe nicht geändert. Durch die Untersuchungen konnten außerdem viele Informationen zur Herstellung, Zusammensetzung und Datierung der mittelalterlichen Putze gewonnen werden. Eine Konservierung und Restaurierung von solch großem Umfang an mittelalterlichen Putzen ist durch einen reinen Handwerksbetrieb nicht zu leisten. Für diese Arbeiten wird das fachkundige Vorgehen und die Expertise des oben beschriebenen wissenschaftlich ausgebildeten Teams aus Restaurator:innen, Naturwissenschaftler:innen und Denkmalpfleger:innen benötigt.

Die beiden Aufnahmen der Nordfassade zeigen eindrücklich, wie das Erscheinungsbild der mittelalterlichen Putze durch die Konservierung bewahrt werden konnte (Bild 194).

Bild 194 Nordfassade des Ritterhauses
A) Vorzustand B) nach Konservierung und Restaurierung
(Fotos: Beat Waldispühl, Dagmersellen)

15.2 Reparatur

In einem zweiten Beispiel soll aufgezeigt werden, wie eine interdisziplinäre Teamarbeit mit einem Handwerksbetrieb für die Reparatur historischer Putze aus unterschiedlichen Zeiten funktionieren kann. Der Kreuzgang am Kloster Allerheiligen in Schaffhausen hat eine bewegte Geschichte und die Putze, die dort vorhanden sind, gehören fast ausschließlich zu einer Renovierungsphase aus der ersten Hälfte des 20. Jahrhunderts. Mittelalterliche Putze waren nicht mehr zu finden. Dazu kommt eine in den 1960er-Jahren komplett neu verputzte Westfassade und eine Fassade, die bereits in den 1980er-Jahren saniert wurde. Die Reparaturarbeiten sollten sich also in ihrem abschließenden Erscheinungsbild an der Fassadenreparatur aus den 1980er-Jahren orientieren. Die Putzschäden waren wie so oft fast ausschließlich auf den Sockelbereich beschränkt. Hier gab es bereits diverse Reparaturen, zumeist mit sehr harten Zementputzen, die plattenartig auf dem geschädigten Untergrund vorlagen (Bild 195 und Bild 196). Die Reparaturputze standen an vielen Stellen von der Wand ab und oberhalb hatten sich Salzausblühungen und leichte rosa Verfärbungen von Bakterien gebildet, die ein stark salzhaltiges Milieu als Habitat bevorzugen. Der Fassadenputz aus den 1960er-Jahren wies im Sockelbereich die gleichen Schäden auf wie die Putze aus der Zeit um 1906. Zusätzlich sandete die ungestrichene Oberfläche über den Ausbesserungen stark ab. Um die Ursachen für dieses Schadensbild zu finden, wurde eine Voruntersuchung durchgeführt, mit einer Analyse der salzbelasteten Sockelzonen. Das Ergebnis zeigte, dass hohe Gipskonzentrationen vorlagen, die, vermutlich bereits im Material selbst enthalten waren und durch den Eintrag von zementhaltigen Putzmörteln ab 1903 noch erhöht wurden. Dazu kamen hohe Nitratwerte, die mit großer Wahrscheinlichkeit aus dem Untergrund stammten. Der Innenhof des Kreuzgangs wurde über Jahrhunderte hinweg vielfältig genutzt, unter anderem auch als Friedhof. Die hohen Salzkonzentrationen hatten an einigen Stellen des Sockels, insbesondere an den klimatisch exponierten Stellen, Schäden verursacht, die bereits in der Vergangenheit mehrfach repariert worden waren. Das neue Konzept sollte nun eine Lösung finden, wie die unterschiedlichen Putze repariert werden konnten. Das eigentliche Problem der Salzbelastung konnte nicht verringert werden, da die Ursachen nicht beseitigt werden konnten.

Bild 195 Westfassade im Kreuzgang von Kloster Allerheiligen in Schaffhausen: Sockel mit diversen Putzreparaturen

Bild 196 Abstehende Platte aus Zementputz einer früheren Reparatur

Man entschied sich nach der Voruntersuchung für den Einsatz eines Haufkalkputzmörtels.

Als Vorarbeit sollten nur sehr stark zermürbte Putzstellen und abstehende Zementergänzungen entfernt werden. Es war nicht angedacht, den kompletten Sockelputz, einschließlich der nicht gut erhaltenen Zemtenputzergänzungen, abzunehmen und zu erneuern. Um eine erste Aussage über die Anwendbarkeit des Haufkalkputzes treffen zu können, wurde an einem besonders stark belasteten Bereich der Westfassade innen und außen eine Musterfläche angelegt und ein Jahr lang beobachtet (Bild 197 und Bild 198).

Bild 197 Anlegen der Musterfläche an der Außenfassade

Bild 198 Anlegen der Musterfläche an der Innenwand

Danach wurden die Leistungen für die Putzreparaturen in einem Leistungsverzeichnis erfasst und die Arbeiten unter Fachhandwerksbetrieben ausgeschrieben. Als Materialvorgabe war im Leistungsverzeichnis die Verwendung von Haufkalkmörtel vorgegeben.

Der ausführende Handwerksbetrieb hat mit großem Engagement nicht nur die Herstellung des Mörtels in sein Programm mitaufgenommen, sondern die Arbeiten auch durch gute Ideen und Vorschläge ergänzt (Bild 199).

Bild 199 Mitarbeiter der Fachfirma bei der Reparatur der Sockelputze mit Haufkalkmörtel (Foto: Roger Bucher, Diessenhofen)

Für die Westfassade war neben der Reparatur des Sockels noch die absandende Putzoberfläche aus den 1960er-Jahren eine Herausforderung. Der Charakter einer ungestrichenen Fassade sollte unbedingt beibehalten werden, gleichzeitig sollten die Putzmörtelreparaturen und auch die Oberflächenfarbigkeit an die bereits sanierte und gestrichene Fassade angeglichen werden (Bild 200). Mit einer Schlämme aus verdünntem Haufkalkmörtel, dem ein farbiger, in der Gegend vorkommender Sand beigegeben wurde, konnte dieser Effekt erreicht werden. Gleichzeitig wurde so die sandende Oberfläche gefestigt. Das Ergebnis überzeugte am Schluss alle Beteiligten und die Denkmalpflege gleichermaßen, die die Arbeiten mitbegleitete (Bild 201).

Bild 200 Teilansicht der Westfassade vor der Reparatur

Bild 201 Westfassade nach Abschluss der Arbeiten (links), Detail nach der Reparatur (rechts)

15.3 Rekonstruktion – Opferputz

Rekonstruktionen eines historischen Putzes finden in den meisten Fällen im Bereich des Sockels statt. Aus guten Gründen wurde dieser Gebäudebereich in vielen Fällen separat ausgebildet, sei es als leicht hervortretendes Element, das architektonisch die Basis des Bauwerks bildet oder sich in seiner Oberflächenstruktur und Farbgebung von der übrigen Wandfläche absetzt. Man wusste sehr genau, dass ein Putz an dieser Stelle nur eine begrenzte Haltbarkeit hat, da die Belastung durch Spritzwasser, aufsteigende Feuchtigkeit und mittransportierte Salze höher ist als an anderen Wandflächen, und die Sockelzone somit einer regelmäßigen Unterhaltung oder Erneuerung bedurfte.

Die Reparatur von schadhaften Sockelzonen wurde in der jüngeren Vergangenheit fast immer mit einem Material ausgeführt, das dem historischen Putz weder in der Beschaffenheit noch in der Oberflächenstruktur entsprach. Es bildeten sich so immer wieder Schäden.

Heute versucht man den Schäden an historischen Putzfassaden im Sockelbereich mit einem sogenannten Sanierputz zu begegnen. Das Problem dabei ist, dass solche Putze in dem Fall selten wirklich »sanieren«, sondern eher »kaschieren«. Durch ihre besondere Eigenschaft, mehr Schadstoffe, vornehmlich Salze, speichern zu können, behalten so verputzte Sockel zwar länger ein vermeintlich intaktes Aussehen, jedoch besteht zusätzlich die Gefahr, dass Salze, die normalerweise nur in geringe Höhen aufsteigen, durch die Dichtigkeit des Putzes nicht mehr austreten können und in höhere Fassadenregionen getrieben werden, um dort wieder auszublühen. So verschiebt sich der Ausblühungshorizont über die Jahre immer weiter nach oben und es werden dadurch immer mehr ehemals noch intakte Putzbereiche in Mitleidenschaft gezogen. Außerdem ist ein bloßes Ausbessern von schadhaften Putzmörtelstellen mit einem solchen System kaum möglich und sinnvoll. Altputze müssen so gut wie immer entfernt werden, um das System nach den geltenden Vorschriften zu verarbeiten. Bei der Reparatur von historischen Putzen kann das schnell zu Verlusten führen, wo keine entstehen müssten.

Eine Rekonstruktion des Putzmörtels im Sockel sollte daher als eine Art Opferschicht oder Wartungszone gesehen werden. Die Salze, die sich zum Teil über Jahrhunderte im Mauerwerk aufkonzentriert haben oder wie im Falle des Kreuzgangs im Kloster Schaffhausen materialimmanent sind, lassen sich nicht innerhalb einer kurzen Zeitspanne reduzieren. Trägt man auf den Sockel einen diffusionsoffenen Kalkputzmörtel als bewussten Opferputz auf, lassen sich immer wiederkehrende Ausblühungen verbunden mit Schäden oft auf den bodennahen Abschnitt bis in eine Höhe von circa 30 bis 40 cm begrenzen und einfach reparieren.

16 Historischer Stuck – Konservieren, Reparieren, Rekonstruieren

Die Konservierung, Restaurierung oder Reparatur von Stuckaturen stellt im Vergleich zum Putz eine noch größere Gratwanderung dar. Der Wunsch, insbesondere bei bereits mehrfach überarbeiteten Stuckaturen die verschwommene Formensprache wiederzubeleben, ist meist ein großes Anliegen, das einer Erhaltung ohne weitere Eingriffe entgegenstehen kann. Viel zu oft werden Stuckaturen als reine Raumdekoration gesehen und aus ästhetischen Gründen sehr unsachgemäß freigelegt. Dass sie dabei zum Teil bis zur Unkenntlichkeit beschädigt und zerstört werden, wird einfach in Kauf genommen. Man muss sich bewusst machen, dass jeder Eingriff in die originale Substanz weitreichende Auswirkungen mit sich bringen kann. Bis auf wenige Ausnahmen bedeutet eine Freilegung immer einen Verlust des Stucks und oft auch seiner originalen Fassung.

Die Gründe für eine Freilegung einer Stuckausstattung sollten in erster Linie konservatorischer und nicht ästhetischer Art sein. Den Arbeiten muss außerdem zwingend eine Voruntersuchung zum historischen Bestand vorausgehen. Dabei muss geklärt werden, welche Materialien vorliegen und wie die Stuckaturen hergestellt und ausgeführt worden sind, um dann ein passendes Konzept für die Konservierung und Restaurierung zu entwickeln. Daher sollte es selbstverständlich sein, die Restaurierung von Stuckausstattungen nicht ausschließlich als Handwerksleistung zu betrachten, da die wechselnden Anforderungen zur Erhaltung des Stucks in den meisten Fällen Arbeits- und Lösungsansätze sowohl von akademisch als auch von handwerklich ausgebildeten Restaurator:innen verlangen. Auch vermeintlich »weniger hochwertige« Stuckaturen und Stuckdecken, die zum Beispiel nur aus einem Kranzgesims oder einer Deckenspiegelprofilierung bestehen, sollten in eine Untersuchung einbezogen werden.

16.1 Konservierung – Restaurierung

Zu den wichtigsten Konservierungsmaßnahmen bei Stuckaturen zählt die Abnahme der oftmals sehr ausgeprägten Staubschichten, durch die bereits eine Schädigung entstehen kann. Dicke Staubschichten wirken zum Teil wie Kompressen und können sowohl Feuchtigkeit speichern als auch Mikroorganismen enthalten, was langfristig zu Schäden führen kann. Zudem erfährt der Stuck durch die Reinigung eine erste ästhetische Aufwertung, da die meist verschwärzten Ablagerungen das Aussehen der Stuckoberfläche verändern, Schattenwirkungen verstärken oder die Raumwirkung negativ beeinflussen (Bild 202 und Bild 203).

Bild 202 Figur von Diego Carlone im Treppenhaus des Neuen Corps de Logis von Schloss Ludwigsburg – Vorzustand

Bild 203 Dieselbe Figur nach Abnahme der Staubschichten

Bei der reinen Konservierung steht vor allem die konsequente Erhaltung des gesamten Originalbestands mit all seinen Veränderungen durch Reparaturen und Überfassungen im Vordergrund. Mögliche unschöne Verfärbungen, die optisch die Oberflächenerscheinung beeinträchtigen, lassen sich nach der Reinigung mit kleinen reversiblen Retuschen oft gut in das Gesamterscheinungsbild einbinden

(Bild 204 und Bild 205). Dadurch erhalten die Flächen wieder ein ästhetisch ansprechendes Erscheinungsbild ohne Eingriffe in die Substanz und die damit verbundenen Verluste.

Bild 204 Stuckatur im Speisesaal des Priesterseminars in Rottenburg – Vorzustand

Bild 205 Gleicher Ausschnitt mit retuschierter Oberfläche

Es gibt jedoch auch Beispiele, wo Stuckaturen durch Überarbeitungen in ihrem Erscheinungsbild so stark beeinträchtigt sind, dass sie kaum noch lesbar sind. Dann ist abzuwägen, ob eine Freilegung sinnvoll ist. Voraussetzung ist, dass die Stuckaturen vor der Maßnahme untersucht wurden. Es muss genau bekannt sein, welche Materialien anzutreffen sind, und es muss definiert werden, wie die Freilegung technisch durchgeführt werden kann, ohne die Substanz des Stucks und mögliche historische Fassungen zu schädigen. Stuckfreilegungen, wie sie in Bild 206 zu sehen sind, gehören zu den schwierigsten und auch heikelsten Arbeiten in der Restaurierung, weil sie mit dem großen Risiko verbunden sind, die historische Substanz für immer zu schädigen. Die Arbeiten sind zeitaufwendig und teuer und erfordern ein hohes Maß an Kenntnis über Stuck und Farbfassung, um den Arbeitsfortschritt und mögliche Abweichungen immer richtig beurteilen zu können. Sie gehören daher immer in die Hände sehr erfahrener Restaurator:innen.

Das Beispiel aus Bild 206 zeigt eine Freilegungsprobe. So sollten Stuckaturen nach der Freilegung aussehen – ein Aufwand, der oft kaum zu leisten ist. Ein anderes Beispiel zeigt eine Stuckatur, die durch die Freilegung, die eher einem »Beschnitzen« gleichkam, stark verunstaltet wurde (Bild 207). Sie wurde zudem mit einem artfremden Anstrich und einer unangebrachten Vergoldung neu gefasst, was sie vollends zerstörte. Leider werden solche Ergebnisse bis heute als schön empfunden. Da solche Ausführungen durch die grobe Arbeitsweise auch relativ schnell und kostengünstig zu erzielen sind, werden sie den aufwendigen und konservatorisch sachgemäßen Arbeiten vorgezogen, mit weitreichenden Folgen für die historisch oft wertvolle Substanz.

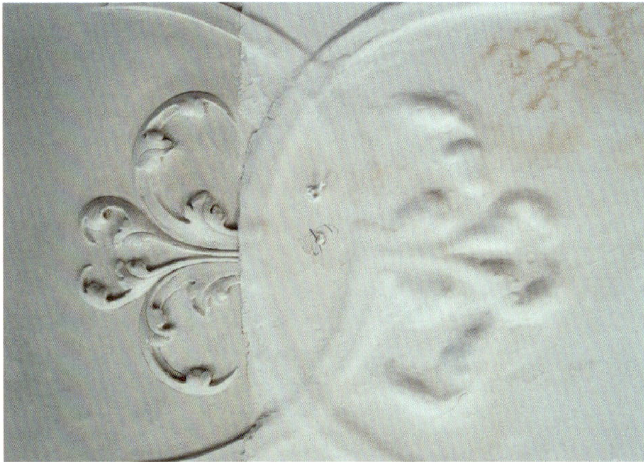

Bild 206 Freilegungsprobe an einer bis zur Unkenntlichkeit überstrichenen Stuckatur aus dem Speth'schen Hof in Ehingen (Foto: Dörthe Jakobs, Landesamt für Denkmalpflege Baden-Württemberg)

Bild 207 Unsachgemäße Stuckfreilegung in einem Schaffhauser Bürgerhaus

Zu den rein konservierenden Maßnahmen am Stuck gehören auch alle Arbeiten der Sicherung, wie sie auch beim Putz anfallen.

Bei hohl klingenden Stuckaturen und Putzoberflächen sollte nur dort eingegriffen werden, wo aufgrund des Rissbildes eine akute Gefährdung nicht auszuschließen ist. Sogenannte prophylaktische Sicherungen, wie Verschraubungen oder auch

Risserweiterungen vor Kittungen, sind keine konservierenden Maßnahmen, sondern gehören in den Bereich der Substanzschädigung (siehe auch Bild 184 E).

16.2 Reparatur

Eine Reparatur am Stuck bezieht sich meist auf eine defekte Unterkonstruktion. Maßnahmen in diesem Zusammenhang zielen darauf ab, dem Stuck seine frühere Stabilität wiederzugeben. Ist die Funktionalität des Putzträgers geschwächt, muss die Ursache dafür in einer Voruntersuchung ermittelt werden, und es sind Maßnahmen notwendig, die eine fortschreitende Verschlechterung des Zustands verhindern.

Ebenso wie bei der reinen Konservierung bedeutet aber auch die Reparatur eine konsequente Erhaltung des Originalbestands. Das Beispiel der Reparatur von zwei Lehmkalkstuckdecken im Pfarrhaus von Dahenfeld nahe Neckarsulm, die zwischen 1758 und 1760 entstanden sind, soll dies verdeutlichen[119] (Bild 208). An beiden Stuckdecken waren bei den letzten Umbauten im 20. Jahrhundert schwerwiegende Eingriffe vorgenommen worden. Man hatte Risse entlang der Balken aufgeweitet, Kabelschlitze eingefräst und sämtliche Fehl- und Schadstellen mit Baugips ausgebessert sowie Teilbereiche der Wandgesimse damit neu hergestellt. Zu guter Letzt hatte man einen dicken Kunststoffdispersionsanstrich aufgebracht, durch den die Konturierung der filigranen Stuckornamente kaum noch erkennbar war. Einige Stuck- bzw. Putzmörtelabschnitte zeigten Rissbildungen entlang der Balkenlagen oder lösten sich bereits ab, sodass der Lehmuntergrund zum Vorschein kam.

Bild 208 Ausschnitt einer der Decken im Vorzustand

119 Diehl 2017, S. 29–34

Für die Reparatur der beiden Stuckdecken bestand nun die erste Maßnahme in der vorsichtigen Abnahme der Dispersion. Dazu wurde ein Mikrodampfgerät verwendet, mit dem auch die Reste darunterliegender Leimfarbe angelöst werden konnten, ohne ältere Kalkfassungen zu schädigen (Bild 209).

Bild 209 Eckornament nach Abnahme der Kunststoffdispersion: Nun sind die Gipsergänzungen sichtbar.

Neben der Abnahme des Kunststoffdispersionsanstrichs wurden ungeeignete Gipsergänzungen (bis auf die neuen Kranzgesimse) entfernt und stark geschädigte Bereiche des Lehmträgers und der Kalkputzmörtelschicht gefestigt (Bild 210). Bereiche mit Rissen oder hohl aufliegende Putzschichten wurden durch Hinterfüllung mit einem Injektagemittel punktuell wieder angebunden. Nach Abnahme der Gipsergänzungen zeigte sich, dass die Lehmstrohhäckselschicht bis auf den Träger (kleine Holzleisten auf den Deckenbalken) entfernt worden war und neu aufgebaut werden musste (Bild 211 und Bild 212).

Bild 210 Detail: Entfernung der Gipsergänzungen, die teilweise noch durch Verschraubungen gehalten werden

Bild 211 Detail: Der Putzträger war auf dem Balken nicht mehr vorhanden.

Bild 212 Detail: Ergänzung des Lehmuntergrundes

Bild 213 Eckornament im Endzustand mit Retusche

Alle Fehlstellen im Kalkstuck wurden mit einem eigens hergestellten Haufkalkmörtel mit Marmor und Kalksteinmehlen bzw. Zuschlägen nach Befund sowie einem Faserzusatz aus Mikrohanf ergänzt. Hierzu gehörten neben den Putzmörtelflächen auch fehlende Teile der Stuckatur im Bereich der Kabelschlitze. Sämtliche Oberflächen wurden in ihrer Grundfarbigkeit und Struktur auf den Bestand abgestimmt, sodass eine nachfolgende Retusche im Farbton entsprechend der vorhandenen Kalkfassungen ausgeführt werden konnte (Bild 213). Auch die Kranzgesimse der letzten Instandsetzung mit Kunststoffdispersionsoberfläche wurden so dem vorhandenen Bestand angepasst.

16.3 Rekonstruktion

Eine Rekonstruktion oder die Nachbildung und Wiederherstellung ist nur bei Formenstuck oder Schablonenstuck sinnvoll, wenn noch originaler Stuck vorhanden ist, der kopiert werden kann (Bild 214 und Bild 215).

Bild 214 Rekonstruktion eines fehlenden Kranzgesimses, Grobzug

Bild 215 Rekonstruktion eines fehlenden Kranzgesimses, Feinzug

Eine Rekonstruktion bedeutet immer eine Neuanfertigung, weshalb der charakteristische Duktus eines originalen Antragsstucks niemals nachgeahmt werden kann und darf, es käme sonst einer Fälschung eines Kunstwerks gleich (Bild 216).

Bild 216 Unpassendes Blatt einmodelliert in einen Antragsstuck

Ist der originale Antragsstuck noch vorhanden, jedoch der Putzträger stark angegriffen, versucht man den Stuck so weit zu konsolidieren und zu sichern, dass dieser in ein Schalentragwerk zur Stabilisierung eingebettet und abgenommen werden kann (Bild 217).

Bild 217 Stützschale für die Abnahme des Antragsstucks

Nachfolgend kann dann die Instandsetzung des Trägers erfolgen. Auch dieser Vorgang bedeutet einen gewissen Verlust an Substanz, jedoch ist das Original gerettet und kann wieder in die Gesamtstuckatur eingesetzt werden. Für eine solche Vorgehensweise bedarf es guter Kenntnisse und Erfahrungen, die wiederum nur in Kooperation von Wissenschaft und Handwerk entsprechend umgesetzt werden können.

17 Dokumentation

Zu jeder Restaurierung oder Konservierung ist eine Dokumentation notwendig. Die Qualität der Dokumentation wird dabei nicht durch den Umfang des Dokuments bestimmt, sondern durch ihren Inhalt, was erst einmal recht provokant klingen mag. Leider zeigt sich auch in den Dokumentationen akademischer Restauratoren, dass es manchmal schwerfällt, sich genau darauf zu konzentrieren. Dokumentationen sind nicht standardisiert, was auch gut ist. So können sie den jeweiligen Objekten und Bedürfnissen immer angepasst werden. Es gibt jedoch ein thematisches Grundgerüst, das jeder Dokumentation zugrunde liegen sollte. Ein solches Grundgerüst soll hier gezeigt werden, sodass auch von Fachhandwerker:innen am historischen Bau eine einfache, aber inhaltlich aussagekräftige Dokumentation zum Bestand, zu Schäden und Maßnahmen erstellt werden kann, ohne dass dafür ein großer Schreibaufwand betrieben werden muss. Diese Art der Dokumentation betrifft jedoch nur Objekte, an denen ausschließlich Fachhandwerksleistungen ausgeführt werden. Für die Stuckrestaurierung, die ausschließlich in den Händen von Stuckrestaurator:innen liegen sollte, gelten umfangreichere Kriterien. Sie entsprechen den Standards, die auch für die Restaurierung von Wandmalereien gültig sind. Auf diese soll hier nicht eingegangen werden.

17.1 Bestands- und Zustandsaufnahme

Am Beginn einer jeden Restaurierung, und das betrifft auch die Maßnahmen am historischen Putz, sollte eine Voruntersuchung mit einer **Bestands- und Zustandsaufnahme** des Objekts stehen. Es geht hierbei nicht um die sehr umfangreichen Untersuchungen, wie sie akademische Restaurator:innen erstellen, etwa für Fassadenputze oder auch für Stuck und Wandmalerei, die rein konservatorisch bearbeitet werden.

Vielmehr möchten wir Fachhandwerker:innen und Architekt:innen eine Möglichkeit an die Hand geben, bestimmte Fakten und Details zu einem Objekt oder zu einer Fassade, auf einfache Weise festzuhalten und mit wenigen Worten in einer Tabelle zu erfassen. Auch wenn eine Voruntersuchung gelegentlich noch für unnötig erachtet wird, hat sich in unserer jahrelangen Berufspraxis doch gezeigt, dass sie einer der wichtigsten Schritte bei der Planung einer effizienten Restaurierung ist.

Für eine kurze Übersicht zum Bestand und Zustand ist für einfache Objekte eine Checkliste hilfreich. Sie dient der Faktenerhebung und erleichtert die Fragestellung zu Schäden und Maßnahmen, die vor Beginn einer Restaurierung oder Renovierung geklärt werden sollten. Außerdem vereinfacht sie bei Kalkulationen die Einschätzungen des Arbeitsumfangs und es lässt sich bereits sehr früh abklären, ob an einem Objekt verschiedene Fachleute zusammenarbeiten sollten.

Checkliste für die Bestandaufnahme

Objekt – Adresse	Bearbeiter	Datum	Bemerkung

Bestandsaufnahme				
	Nordfassade	Ostfassade	Südfassade	Westfassade
Material				
Kalkputz				
Zementputz				
ohne Putz				
unbestimmt				
Gestaltung				
Anstrich				
Ornamentik				
Gestaltung mit Putz (Putzstruktur, Ritzung etc.)				
Wandmalerei				
Sonstiges				

Bemerkungen

Zustandsaufnahme				
	Nordfassade	Ostfassade	Südfassade	Westfassade
Schäden				
Risse				
Putzverluste				
Putzreparaturen				
Putzblasen				
Schollen				
sandende Oberflächen				
mechanische Verletzungen				
feuchter Putz				
sichtbare Salze				
Verfärbungen				
unbestimmt				
Bemerkungen				

Zustandsaufnahme				
	Nordfassade	Ostfassade	Südfassade	Westfassade
Mögliche Schadensursachen (soweit sichtbar)				
Spritzwasser (Sockel)				
defekte Regenrinnen				
Streusalz (Bereich Gehweg)				
Materialfehler (falls sichtbar)				
Pflanzenbewuchs				
Sonstiges				
Bemerkungen				

Die Checkliste gliedert sich in zwei Abschnitte. Im ersten Abschnitt kann der Bestand mit wenigen Worten erfasst werden. Dazu gehören die Materialien und Gestaltung. Dabei ist die Bestimmung des verwendeten Materials, zum Beispiel Kalk- oder Zementputz, nicht immer auf den ersten Blick möglich. Sollte die Frage nach dem Material für eine Restaurierung oder Reparatur jedoch von Bedeutung sein, können so bereits weitere Abklärungen angedacht werden. Dasselbe gilt für Anstriche. Es ist für die Erstellung des richtigen Maßnahmenkonzepts nicht unerheblich, ob sich auf einem Putz ein Kalk- oder ein Dispersionsanstrich befindet. Sind diese Fragen nicht zweifelsfrei auf einen Blick zu klären, wird unter Umständen eine weitere Abklärung durch das Hinzuziehen von Fachleuten notwendig.

Die Erfassung in der Tabelle kann nach Bedarf fassadenweise erfolgen, da an historischen Bauten erfahrungsgemäß selten alle Fassaden gleich behandelt wurden.

Ebenso wichtig ist es, putzeigene Gestaltungen und Bemalungen zu erfassen, wozu auch besonders ausgearbeitete Putzmörteloberflächen zählen. Sie haben oft ein spezielles Schadensbild und erfordern somit auch andere Maßnahmen als einfache Flächenputze.

Im zweiten Abschnitt können die auf den ersten Blick ins Auge fallenden Schäden und die möglichen Schadensursachen dazu festgehalten werden.

Mithilfe dieser Checkliste wird es Architekt:innen und Planer:innen einfacher möglich sein, bestimmte Leistungen und Maßnahmen für Fassadenputze zu differenzieren.

Eine so durchgeführte Bestands- und Zustandsaufnahme kann dabei helfen, den Wert historischer Putze im Vorfeld der Planungen richtig einzuschätzen, den Schadensumfang besser zu bewerten und so den Bestand, wenn immer möglich, zu erhalten. Die Checkliste ist als Vorschlag gedacht. Sie kann und sollte dem Objekt nach Bedarf immer angepasst werden.

17.2 Fotodokumentation

Zu jeder Dokumentation gehören auch Fotos. Vor Beginn der Arbeiten wird der Vorzustand fotografiert. Diese Aufnahmen können auch als Beleg für den kalkulierten Arbeitsumfang dienen. Besonders ratsam ist es, Bereiche fotografisch festzuhalten, bei denen unter Umständen am Anfang der Arbeitsaufwand nicht gut abzuschätzen ist. Bei Bedarf können Zwischenschritte (Zwischenzustände) einer Arbeit als Beleg für Methoden und einen besonderen Aufwand zusätzlich fotografiert werden. Nach Abschluss der Maßnahmen werden dann nochmals Fotos vom fertiggestellten Objekt gemacht (Schlusszustand).

Für die *Fotodokumentation* hat es sich sehr bewährt, die Aufnahmen mit dem Aufnahmedatum und einer kurzen Notiz (Vorzustand, Arbeitsstand, Schlusszustand usw.) in einer Tabelle (Fotoprotokoll) festzuhalten. Im Protokoll kann auch vermerkt werden, zu welcher Tageszeit oder bei welchen Lichtverhältnissen die Aufnahmen gemacht wurden, da es unter Umständen wichtig sein kann, ein zweites Foto von einem späteren Zustand unter gleichen Bedingungen aufzunehmen. Das Protokoll erleichtert am Schluss der Arbeiten das Sortieren und Zuordnen der Bilder zu möglichen Texten.

17.3 Maßnahmenbericht

Der Maßnahmenbericht gilt auch bei Restaurator:innen manchmal als Schreckgespenst. Und so erstaunt es nicht, dass von Handwerksbetrieben für einfache Restaurierungs- und Reparaturarbeiten an historischen Putzfassaden ein solcher Bericht selten oder gar nicht erstellt wird. Es ist jedoch für kommende Generationen von großem Interesse, zu wissen, welche Materialien und Methoden verwendet wurden. Nicht selten sehen wir heute an Fassaden Schäden, die durch frühere Maßnahmen entstanden sind, zu denen es keinerlei Informationen und Unterlagen mehr gibt. Es wird so unter Umständen sehr mühsam, die Ursachen zu finden und eine nachhaltige Maßnahme zu erarbeiten.

Ein Maßnahmenbericht sollte daher vor allem Informationen zu Methoden und verwendeten Materialien enthalten, wenn möglich ergänzt durch technische Merkblätter. Ein solcher Bericht kann ebenso wie die Bestandsaufnahme in Tabellenform erstellt werden und erfordert keine langwierigen Schreibarbeiten, sondern vor allem ein Zusammentragen von Fakten (siehe Mustertabelle für Maßnahmenbericht).

Mustertabelle für Maßnahmenbericht

Objekt – Adresse	Bearbeiter	Datum	Bemerkung

Schäden	Maßnahmen	Verwendete Materialien
Putzverluste	▪ Ergänzung der Putzfehlstellen mit Kalkmörtel ▪ zweilagiger Auftrag mit der Kelle ausgeführt an Flächen bis zu 2 m^2 an Süd- und Nordfassade ▪ Fotos mit Kurzbeschreibungen vom Vor- und Endzustand im Anhang	▪ Haufkalkmörtel, versetzt mit Mikrohanf ▪ Technisches Merkblatt im Anhang
feuchter Putz	▪ Dachrinne repariert ▪ durchfeuchtete Putzbereiche entfernt ▪ Ergänzung der abgetrockneten Bereiche mit Kalkmörtel	▪ Haufkalkmörtel, versetzt mit Mikrohanf

Sonstige Bemerkungen

Mit einer kurzen Einleitung zu Grunddaten zum Objekt (Baujahr, Größe, öffentlicher oder privater Bau usw.) und zusammen mit der Bestandsaufnahme und den Fotos erhält man so auch für einfache Restaurierungsprojekte an historischen Bauten eine aussagekräftige Dokumentation über Art und Umfang der Maßnahmen. Der Aufwand dafür ist überschaubar, der Informationswert jedoch sehr groß. Möglicherweise wird es an Bauten notwendig sein, bestimmte Bereiche (z.B. mit reparierten Rissen) in einem Monitoring über Jahre zu beobachten, und auch dafür ist die Dokumentation als Information für Mitarbeiter:innen, die an den Ausführungsarbeiten nicht beteiligt waren, von großem Wert.

18 Anhang

18.1 Literaturverzeichnis

Adelung, Johann Christoph (1780): Grammatisch-kritisches Wörterbuch der Hochdeutschen Mundart. Leipzig: Breitkopf, 1801

Arcolao, Carla (2001): Le Ricette del restauro. Malte, intonaci, stucchi dal XI al XiX secolo. Venedig: Marsilio Editori, 2001

Barczyk, Michael (1990): Essen und Trinken im Barock. Oberschwäbische Leibspeisen. Stuttgart: Silberburg Verlag, 1990

Baum, Julius (1908): Die Bauwerke des Elias Holl. Studien zur Deutschen Kunstgeschichte, Nr. 93. Straßburg: J. H. Ed. (Heitz und Mündel), 1908

Becker, Wilhelm (1925): Maurer- und Steinhauerarbeiten. Teil 3: Putz- und Stuckarbeiten, Wandbekleidungen, Steingesimse. Leipzig, Göschen‹sche Verlagsbuchhandlung, 1925

Boenkendorf, Ulf (1995): Putzmörtel auf Lehmausfachungen. Dissertation Universität-Gesamthochschule Siegen. In: Bautenschutz Bausanierung 18 (1995) Nr. 4, S. 57–63

Boetticher, Adolf (1897): Die Bau- und Kunstdenkmäler in Königsberg. Die Bau- und Kunstdenkmäler der Provinz Ostpreußen. Im Auftrag des Ostpreußischen Provinzial-Landtages. Heft VII. Königsberg: Kommissionsverlag Bernh. Teichert: 1897

Bohnagen, Alfred (1914): Der Stukkateur und Gipser. Leipzig: Verlag von Bernhard Friedrich Voigt, 1914. Reprint der Originalausgabe von 1914. München: Callwey-Reprint, 1987

Bundesverband der Gipsindustrie (2013): GIPS-Datenbuch. Berlin: Selbstverlag, 2013

Bundesverband der Gipsindustrie (2009); IGB Industriegruppe Baugipse (Hrsg.): IGB Handbuch Gipsputze. Zukunftsaufgabe Bauen im Bestand. Darmstadt: Bundesverband der Gipsindustrie e. V., 2009

Coler, Johannes (1645): Oeconomia. Ruralis et Domestica. Mainz: Nikolaus Heil, 1645

Coquery, Natacha; Hilaire-Pérez, Liliane; Sallm, Line (2004): Artisans, industrie. Nouvelles révolutions du Moyen Âge à nos jours. Lyon: ENS Éditions, 2004

Cramer, Johannes (1990): Farbigkeit im Fachwerk. Befunde aus dem süddeutschen Raum. München: Deutscher Kunstverlag, 1990

Crescentiis, Petrus de (1531): Vom Ackerbaw, Erdtwucher und Bawleüten. Ruralia commodorum libri XII. Straßburg: Johann Knobloch der Jüngere, 1531

Daub, Hermann (1905): Hochbaukunde. Band 1+2. Leipzig, Wien: F. Deuticke, 1905

Degenkolb, M.; Knöfel, D. (1998): Untersuchungen zum Einfluß von Holzkohle-Zusatz zu Kalkmörteln. In: Jahresberichte aus dem Forschungsprogramm Steinzerfall – Steinkonservierung. Bd. 6, 1994–1996. Stuttgart: Fraunhofer IRB Verlag, 1998, S. 237–245

Diehl, Carmen (2017): Rokoko-Stuckdecken im katholischen Pfarrhaus von Dahenfeld. In: Katholische Kirchengemeinde Dahenfeld (Hrsg.): Vom Pfarrhaus zum Gemeindehaus. Die Kirchengemeinde St. Remigius in Dahenfeld gestern – heute – morgen. Dahenfeld: Selbstverlag, 2017, S. 29–34

Diemer, Dorothea (1998): Die Stuckdekoration der Stadtresidenz Landshut. In: Die Landshuter Stadtresidenz. Architektur und Ausstattung. München: Zentralinstitut für Kunstgeschichte, 1998, S. 207–222

Dieussart, Charles Philippe (1682): Theatrum Architecturae civilis. In drey Bücher getheilet, Daß ist Eine kurtze Beschreibung, was die Architectura sey, neben dem Methodo, so die Alten zum beständigen, und zierlichen Bau gehalten, und observieret haben, wovon im Ersten Buch gehandelt wird. Bamberg: Chur- und Hochfürstliche Buchtruckerey, 1682

Durm, Josef; Esselborn, Karl (1913): Lehrbuch des Hochbaues. Grundbau, Steinkonstruktionen, Holzkonstruktionen, Eisenkonstruktionen, Eisenbetonkonstruktionen. Bd. 1. Leipzig: Wilhelm Engelmann, 1913

Ehrenberg, Hermann (1899): Die Kunst am Hofe der Herzöge von Preußen. Leipzig, Berlin: Giesecke & Devrient, 1899

Eiden, Markus (2010): »Quadraturstuck« – Kassetten- und Felderdecken des späten 16. und frühen 17. Jahrhunderts. Ausführungstechniken und Erhaltung. In: Jürgen Pursche (Hrsg.): Stuck des 17. und 18. Jahrhunderts. Geschichte – Technik – Erhaltung. Internationale Fachtagung des Deutschen Nationalkomitees von ICOMOS in Zusammenarbeit mit der Bayerischen Verwaltung der staatlichen Schlösser, Gärten und Seen Würzburg, 4.–6. Dezember 2008. ICOMOS, Hefte des Deutschen Nationalkomitees; Bd. 50. Berlin: Bäßler, 2010, S. 153–159

Engelhardt, Wolf von et al. (1995): Suevite breccia from the Ries crater, Germany: Origin, cooling history and devitrification of impact glasses. In: Meteoritics 30 (1995), S. 279–293

Eser, Thomas (2000): »Künstlich auf welsch und deutschen sitten«: Italianismus als Stilkriterium für die deutsche Skulptur zwischen 1500 und 1550. In: Guthmüller, Bodo (Hrsg.): Deutschland und Italien in ihren wechselseitigen Beziehungen während der Renaissance. Wolfenbütteler Abhandlungen zur Renaissanceforschung, Bd. 19. Wolfenbüttel: 2000, S. 319–361

Fink, Andreas (1994): Zur Geschichte und Bedeutung der Stuckfabrik Lauermann in Detmold. In: Historismus in Lippe, Materialien zur Kunst- und Kulturgeschichte in Nord- und Westdeutschland, Bd. 9. Marburg: Jonas Verlag, 1994, S. 159–184

Fink, Franz (1866): Der Tüncher, Stubenmaler, Stukkator und Gypser. Praktisches Hand- und Hülfsbuch für genannte Gewerbe, für Architekten und Bauhandwerker, sowie für Bau- und Gewerbschulen. Leipzig: Verlag von Otto Spamer, 1866

Förster, Max (1922): Leitfaden der Baustoffkunde. Leipzig: Vieweg+Teubner, 1922

Friese, Wilhelm (1908): Die Asphalt- und Teerindustrie. Eine Darstellung über die Eigenschaften, Gewinnung und Verwertung der natürlichen und künstlichen Asphalte. Bibliothek der gesamten Technik, Bd. 31. Hannover: Jänecke, 1908

Fronsperger, Leonhart (1564): Bauw Ordnung. von Burger vnd Nachbarlichen Gebeuwen, in Stetten, Merckten, Flecken, Dörffern vnd auff dem Land. in drey Theil verfast vnd zusammen gezogen nütz vnd dienstlich zu gebrauchen. Frankfurt/Main: Rab; Han, 1564

Furttenbach, Joseph (1628): Architectura Civilis, Das ist: Eigentliche Beschreibung wie ma[n] nach bester Form, vnd gerechter Regul, Fürs Erste: Palläst, mit dero Lust: vnd Thiergarten, darbey auch Grotten: So dann Gemeine Bewohnungen: Zum Andern, Kirchen, Capellen, Altär, Gotshäu. Ulm: Saur, 1628

Germertshausen, Christian Friedrich (1785): Der Hausvater in systematischer Ordnung. vom Verfasser der Hausmutter. 4. Bd. Leipzig: Johann Friedrich Junius, 1785

Götze, Alfred (Hrsg.) (1939): Trübners Deutsches Wörterbuch. Im Auftrage der Arbeitsgemeinschaft für deutsche Wortforschung. Bd. 3. Berlin: Walter de Gruyter, 1939

Gottschalk, Dieter; Scherb, Rainer; Thiersch, Katharina (2007): Historische Putze im Schwalm-Eder-Kreis. Unveröffentlichte Schrift zur Exkursion. 2007

Grueber, Bernhard (1863): Die Baumaterialien-Lehre. zum Gebrauche für Techniker, Beamte und Werkleute sowie für den Unterricht. Berlin: Ernst und Korn, 1863

Grün, Richard (1927): Der Zement. Herstellung, Eigenschaften und Verwendung. Berlin, Heidelberg: Springer-Verlag Berlin, 1927

Guex, Francois (1986): Bruchstein, Kalk und Subventionen. Das Zürcher Baumeisterbuch als Quelle zum Bauwesen des 16. Jahrhunderts, Mitteilungen der antiquarischen Gesellschaft Zürich, Bd. 53. Zürich: Hans Rohr, 1986

Hammer, Ivo (1998): Die geschundene Haut. Bedeutung und Erhaltung von Architekturoberflächen. In: Berichte zur Denkmalpflege in Niedersachsen, 17 (1998), Nr. 3, S. 14–23

Herrera, Lisa (2008): Die Restaurierung des hochmittelalterlichen Wandbildes der Johanniterkommende Hohenrain. Diplomarbeit, Hochschule der Künste Bern, Fachbereich Konservierung und Restaurierung, vorgelegt 2008 (unveröffentlicht)

Hessisches Landesamt für geschichtliche Landeskunde (o.J.): Hessische Biografie. Castelli, Eugenio [ID = 2232]. URL: https://www.lagis-hessen.de/de/subjects/idrec/sn/bio/id/2232 [Stand: 15.4.2021]

Höfle, Eva; Knechtel, Miriam (2014): Vitruv und das süddeutsche Bauwesen in der Renaissance. Der Stellenwert des Traktates und seine Wirkung auf den Baubetrieb. In: Erwin Emmerling, Stefanie Correll, Andreas Grüner, Ralf Kilian (Hrsg.), Firmitas et Splendor. Vitruv und die Techniken des Wanddekors. München: Anton Siegl, 2014, S. 321–431

Hoffmann, Lothar (1998): Fachsprachen. Ein internationales Handbuch zur Fachsprachenforschung und Terminologiewissenschaft. Bd. 2. Berlin, New York: De Gruyter, 1998

Hugues, Theodor; Steiger, Ludwig; Weber, Johann (2002): Naturwerkstein. Gesteinsarten, Details, Beispiele. München: Detail, 2002

Huth, Andreas (2014): albaria insignita. Zur Technologie der Sgraffito-Dekorationen des 15. Jahrhunderts in Florenz. ZKK Zeitschrift für Kunsttechnologie und Konservierung 28 (2014), Nr. 1, S. 5–28

Kersten, Carl (1913): Der Eisenbetonbau. Ein Leitfaden für Schule und Praxis. Teil II. Anwendungen im Hoch- und Tiefbau. Berlin: W. Ernst und Sohn, 1913

Kiepenheuer, Ludwig (1907): Kalk und Mörtel. Wissenschaftlicher, technischer und kaufmännischer Ratgeber für alle, welche mit Kalk und Mörtel zu tun haben. Köln: Selbstverlag, 1907

Klapheck, Richard (1915): Die Meister von Schloss Horst im Broiche. Berlin: Wasmuth, 1915

Klaproth, Martin Heinrich (1803): Obermedicinalrath Klaproth, Beyträge zur Chemie der Mineralien. Chemische Untersuchung des Muriacits. In: Gehlen, Adolph Ferdinand (Hrsg.): Neues allgemeines Journal der Chemie, Bd. 2, Nr. 4, S. 355–418. Berlin: Frölich, 1803

Klebelsberg, Martha (1940/45): Stuckarbeiten des 16. und 17. Jahrhunderts in Nordtirol. In: Veröffentlichungen des Tiroler Landesmuseum Ferdinandeum 26–29 (1940/45) Nr. 20/25, S. 221–340

Klemm, Alfred (1886): Aberlin Tretsch, Herzog Christophs von Württemberg Baumeister. In: Repertorium für Kunstwissenschaft. IX. Berlin: Walter de Gruyter & Company, 1886, S. 28–58

Knapp, Ulrich (1996): Joseph Anton Feuchtmayer. 1696–1770. Konstanz: Stadler, 1996

Köberle, Thomas (2013): Innovative Baustoffe. Stammt der erste deutsche Romanzement aus Franken? Franken unter einem Dach. Zeitschrift für die fränkischen Freilandmuseen 33 (2013), Nr. 35, S. 95–101

Köberle, Thomas (2012): Württemberg – ein frühes Zentrum europäischer Romanzement-Produktion. Über ein außergewöhnlich vielseitiges Bindemittel. In: Denkmalpflege in Baden Württemberg, 41 (2012), Nr. 4, S. 237–241

Kraus, Karin (2012): Hydraulische Bindemittel im 19. Jahrhundert auf dem Gebiet der heutigen Bundesländer Hessen, Rheinland-Pfalz, Saarland und Thüringen. Fünf Beiträge. IFS-Bericht Nr. 43. Mainz: Institut für Steinkonservierung e.V., 2012, S. 1–14

Krenkler, Karl (1980): Chemie des Bauwesens. Anorganische Chemie. Bd. 1. Berlin, Heidelberg, New York: Springer, 1980

Krünitz, Johann Georg (1788): Oeconomische Encyklopädie, oder allgemeines System der Staats-Stadt-Haus- und Landwirthschaft, in alphabetischer Ordnung. Mit 17 Kupfern. von Gre bis Hä. Zwanzigster Theil. Brünn: Traßler, 1788

Krünitz, Johann Georg (1795): Oekonomische Encyklopädie, oder Allgemeines System der Staats- Stadt- Haus- und Land-Wirthschaft und der Kunst-Geschichte, in alphabetischer Ordnung. Bd. 39. Berlin: Pauli, 1795

Kühn, Hermann (1995): Was ist Stuck? Arten – Zusammensetzung – Geschichtliches. In: Stuck des frühen und hohen Mittelalters. Geschichte, Technologie, Konservierung. Eine Tagung des Deutschen Nationalkomitees von ICOMOS und des Dom- und Diözesanmuseums Hildesheim in Hildesheim, 15.–17. Juni 1995. Hefte des Deutschen Nationalkommitees, Nr. 19. München: K. Lipp, 1995, S. 17–24

Lade, Karl; Winkler, Adolf (1952): Putz, Stuck, Rabitz: Handbuch für das Gewerbe. Stuttgart: Hoffmann, 1952

Lenz, Roland (2002): Mittelalterlicher Hochbrandgips. Ein restaurierungswissenschaftlicher Beitrag zu Bau und Materialforschung. In: Hoernes, Martin (Hrsg.): Hoch- und spätmittelalterlicher Stuck. Material – Technik – Stil – Restaurierung, Kolloquium Bamberg 16.–18.3.2000. Regensburg: Schnell & Steiner, 2002, S. 43–50

Lietz, Bettina (2013): Edelputze und Steinputze. Materialfarbige Gestaltungen an Putzfassaden des 19. und 20. Jahrhunderts mit farbigem Trockenmörtel – Entwicklung wirtschaftlicher und substanzschonender Erhaltungstechnologien. Abschlussbericht an der FH Potsdam. Potsdam: Institut für Bauforschung und Bauerhaltung, 2013

Loos, Adolf (1908): Ornament und Verbrechen. In: Glück, F. (Hrsg.): Adolf Loos, Sämtliche Schriften in zwei Bänden. Wien: Herold, 1962, S. 276-288

Lucas, Hans Günter (2001) Brechen und Brennen von Gips im frühen 20. Jahrhundert im Windsheimer Raum. Eine Dokumentation mündlicher Überlieferung. In: Franken unter einem Dach. Heft Nr. 23, Zeitschrift für die fränkischen Freilandmuseen Verein. Bad Windsheim: Fränkisches Freilandmuseum e.V. (Hrsg.), 2001, S. 49–68

Maaler, Josua (1561): Die Teütsch spraach. Alle wörter / namen / un arten zu reden in Hochteütscher spraach, dem ABC nach ordentlich gestellt, unnd mit gutem Latein gantz fleissig unnd eigentlich vertolmetscht, dergleychen bißhär nie gesähen. Zürich: Froschauer, 1561

Marinowitz, Cornelia (2009): Kalk- und Mörtelherstellung in historischen Bild- und Schriftquellen. Ein Aspekt für die Interpretation von Befunderhebung, wissenschaftlichen Untersuchungen sowie restauratorische Umsetzung.

In: Patitz, Gabriele et al. (Hrsg.): Natursteinsanierung. Stuttgart: Fraunhofer IRB-Verlag, 2009, S. 71–89

Marinowitz, Cornelia (2019): Die farbige Gestaltung des Chorgewölbes und seine Restaurierung. In: Bernd Nicolai, Jürg Schweizer (Hrsg.): Das Berner Münster. Das erste Jahrhundert: Von der Grundsteinlegung bis zur Chorvollendung und Reformation (1421–1517/1528). Berlin: 2019, S. 495–545

Marquer, Pierre Joseph (1768): Chymisches Wörterbuch oder allgemeine Begriffe der Chymie nach alphabetischer Ordnung. Bd. 2. Leipzig: Weidmann, 1768

Müller, Urs (2021): Mineralische Baustoffe Untersuchen, Bewerten und konservieren. Stuttgart: Fraunhofer IRB Verlag, 2021

Okrusch, Martin; Matthes, Siegfried (2014): Mineralogie. Eine Einführung in die spezielle Mineralogie, Petrologie und Lagerstättenkunde. 9. Aufl. Berlin, Heidelberg: Springer Spektrum, 2014

Paraschkewow, Boris (2004): Wörter und Namen gleicher Herkunft und Struktur. Lexikon etymologischer Dubletten im Deutschen. Berlin: De Gruyter, 2004

Peccioni, Elena; Fratini, Fabio; Cantisani, Emma (2020): Atlante delle malte antiche in sezione sottile al microscopio ottico. Firenze: Nardini 2020

Pursche, Jürgen (2003): Architekturoberfläche. Betrachtungen zu historischen Putzbefunden. In: Historische Architekturoberflächen Kalk – Putz – Farbe. Internationale Fachtagung des Deutsches Nationalkomitees von Icomos und des Bayerischen Landesamtes für Denkmalpflege München, 20.–22. November 2002. Arbeitshefte des Bayerischen Landesamtes für Denkmalpflege, S. 7–28. München: Lipp, 2003

Pursche, Jürgen (2010): Stuck des 17. und 18. Jahrhunderts. Geschichte – Technik – Erhaltung. Internationale Fachtagung des Deutschen Nationalkomitees von ICOMOS in Zusammenarbeit mit der Bayerischen Verwaltung der staatlichen Schlösser, Gärten und Seen Würzburg, 4.–6. Dezember 2008. Hefte des Deutschen Nationalkommitees, Bd. 50. Berlin: Bäßler, 2010

Resenberg, Laura (2005): Zinnober –zurück zu den Quellen. Materialien aus dem Institut für Baugeschichte, Kunstgeschichte, Restaurierung mit Architekturmuseum, Technische Universität München, Fakultät für Architektur. München: Siegl, 2005

Rinn-Kupka, Barbara (2018): Stuck in Deutschland. Von der Frühgeschichte bis in die Gegenwart. Regensburg: Schnell und Steiner, 2018

Ritterhausgesellschaft Bubikon (Hrsg.) (2021): Neue Beiträge zur Geschichte des Ritterhauses Bubikon. Bubikon: Ritterhausgesellschaft Bubikon, 2021

Ryff, Walther Hermann (1548): Vitruuius Teutsch. Nemlichen des aller namhafftigisten vñ hocherfarnesten / Römischen Architecti / und Kunstreichen Werck oder Bawmeisters, Marci Vitruuij Pollionis / Zehen Bücher von der Architectur vnd künstlichem Bawen … Vormals in Teutsche sprach zu transferiren / noch von niemand sonst understanden / sonder für unmüglichen geachtet worden. Nürnberg: Johan Petreius, 1548

Schafmeister, Mathias (2012): Detmold 1871–1918. Erfurt: Sutton Verlag, 2012

Scherb, Rainer; Stein, Gerwin (2019): gestippt, geritzt, gestempelt. Reiserouten zum Kratzputz in Hessen. Schneckenlohe: Verein für Heimat- und Kulturgeschichte im Schwalm-Eder-Kreis e. V., 2019

Scherer, Carl (1908): Der niederländische Bildhauer Wilhelm Vernuken in hessischen Diensten. In: Schestag, Franz (Hrsg.): Repertorium für Kunstwissenschaft, Bd. 31, Heft 1. Berlin: Verlag von Georg Reimer, 1908, S. 218–226

Schnell, Hugo; Schedler, Uta (1988): Lexikon der Wessobrunner. München: Schnell und Steiner, 1988

Schönburg, Kurt (2010): Naturstoffe an Bauwerken. Eigenschaften, Anwendung, Gestaltung. Berlin: Beuth, 2010

Schreiber-Knaus, Luise (2003): Deutsche Stuckarbeiten der Renaissancezeit – die Stempel- und Modelstuckdekorationen in Mitteldeutschland. Diplomarbeit an der Hochschule für Bildende Künste in Dresden. Dresden: Hochschule für Bildende Künste, 2003

Schulz, Hans; Basler, Otto; Strauss, Gerhard (1996): Antinomie – Azur. Deutsches Fremdwörterbuch. Bd. 2. Berlin, New York: De Gruyter, 1996

Serlio, Sebastiano (1609): Von der Architectur, Das Vierdt Buch. Darinn von den Fünff Säulen / Thuscana / Dorica / Jonica / Corinthia und Composita gehandlet / ihr gebrauch an viel underschiedlichen gebewen gezeigt / und von manigerley herlichen Exemplen auß den allerschönesten Ant. Basel: König, 1609

Siedler, Eduard Wolf Jobst (o. J.): Deutscher Edelputz. Farbe im Stadtbild. In: Heft der Fachgruppe Edelputzindustrie der Wirtschaftsgruppe Steine und Erden. Berlin: o. J.

Stark, Jochen; Wicht, Bernd (2013): Geschichte der Baustoffe. Wiesbaden, Berlin: Bauverlag, 2013

Stehno, Gerhard (1981): Baustoffe und Baustoffprüfung. Wien: Springer, 1981

Steinbrecher, Manfred (1992): Alte Techniken wiederbeleben – Gipsestrich und -mörtel. Verlorenes Wissen erschwert Instandsetzung. In: Bausubstanz 8 (1992), Nr. 10, S. 59–61

Stieglitz, Christian Ludwig (1792): Encyklopädie der bürgerlichen Baukunst.Ein Handbuch für Staatswirthe, Baumeister und Landwirthe. Erster Theil. A–D. Leipzig: Caspar Fritsch, 1792

Stieglitz, Christian Ludwig (1796): Encyklopädie der bürgerlichen Baukunst. Dritter Theil. K–M. Leipzig: Caspar Fritsch, 1796

Thielberg, Rudolf (1931): Deutscher Baugewerksbund. In: Heyde, Ludwig (Hrsg.): Internationales Handwörterbuch des Gewerkschaftswesens. Berlin: Verlag Werk und Wirtschaft, 1931, S. 352–357

Thieme, Ulrich; Becker, Felix (1946): Allgemeines Lexikon der Bildenden Künstler von der Antike bis zur Gegenwart, Bd. 36. Leipzig: Seemann, 1946

Thonindustrie Zeitung (1892): Wochenschrift für die Interessenten der Ziegel-, Terracotta-, Töpferwaaren-, Steingut-, Porcellan-, Cement- und Kalkindustrie. Berlin: Hrsg. Prof. Dr. H. Seger und E. Cramer, Jahrgang 16, 1892.

Tucher, Endres (1862): Baumeisterbuch der Stadt Nürnberg (1464–1475). Mit einer Einleitung und sachlichen Anmerkungen von Friedrich von Weech. Stuttgart: Literar. Verein, 1862

Otto-Friedrich-Universität Bamberg (2022): Kratzputz in Oberfranken. URL: https://www.uni-bamberg.de/kdwt/arbeitsbereiche/fb-restaurierungswissenschaft/restaurierungswissenschaft/projekte/kratzputz-in-oberfranken/

[Stand: 18.08.2022]

Vasari, Giorgio (1568): Le Vite de' più eccellenti pittori, scultori et architettori, scritte e di nuovo ampliate da Giorgio Vasari con i ritratti loro e con l'aggiunta delle Vite de' vivi e de' morti dall'anno 1550 infino al 1567. Florenz: Aprello i Giuari, 1568

Vinx, Roland (2015): Gesteinsbestimmung im Gelände. 4. Aufl. Berlin, Heidelberg: Springer Spektrum, 2015

Wedekind, Wanja (2010): Scagliola: Auf den Spuren zu möglichen Ursprüngen und Verbreitungen einer europäischen Kunsttechnik. In: Jürgen Pursche (Hrsg.): Stuck des 17. und 18. Jahrhunderts. Geschichte – Technik – Erhaltung. Internationale Fachtagung des Deutschen Nationalkomitees von ICOMOS in Zusammenarbeit mit der Bayerischen Verwaltung der staatlichen Schlösser, Gärten und Seen Würzburg, 4.–6. Dezember 2008. Hefte des Deutschen Nationalkomitees, Nr. 50. Berlin: Bäßler, 2010, S. 213–221

Weigel, Christoph (1698): Abbildung Der Gemein-Nützlichen Haupt-Stände Von denen Regenten Und ihren So in Friedens- als Kriegs-Zeiten zugeordneten Bedienten an, biß auf alle Künstler Und Handwercker Regensburg: Weigel, 1698

Wunderlich, Christina (1998): Kupfer-Kalkzium-Acetat: Das meist verwendetet Blaupigment in der Wandmalerei des Mittelalters? In: RESTAURO 104 (1998), Nr. 1, S. 22–25

18.2 Stichwortverzeichnis